电子电气基础课程规划教材

电路分析实验教程

许红梅　刘妍妍　主　编
张　瑜　吴　戈　副主编
赵海丽　刘云荣　韩春玲　参　编

電子工業出版社

Publishing House of Electronics Industry

北京·BEIJING

内 容 简 介

本书针对电路分析理论课程中的基本理论和基本概念，结合电路现代计算机辅助分析手段，系统地介绍了电路分析基本原理、电路基本分析方法的验证及实践应用。全书分为四章，内容涵盖电路的基本原理验证以及电路分析常用测试方法，包括电路模型、电路的等效、叠加原理、动态电路分析以及正弦稳态分析；电路的综合分析，包括功率匹配及补偿、谐振电路分析、负阻变换器及回转器等应用电路分析；简单电路设计，包括简易温度计、波形发生器及波形变换器、简易电源、音响音调调节器、简易门铃以及移相器的设计。

本书力求深入浅出，论证清楚，便于自学。以Multisim10.0为例，阐述了电子工作平台上电路分析的过程及方法，配合理论教学，给出了一些电路设计及分析的实例，同时对应每一部分设计了相关问题，以便使读者更好地理解和掌握电路分析的基础理论和基本分析方法。

本书可作为大学本科、专科电子、信息类专业电路基础和电路分析基础课程的实验指导书。

图书在版编目（CIP）数据

电路分析实验教程 / 许红梅，刘妍妍主编 . —北京：电子工业出版社，2014.1

电子电气基础课程规划教材

ISBN 978-7-121-22296-2

I. ①电… II. ①许… ②刘… III. ①电路分析－实验－高等学校－教材 IV. ①TM133-33

中国版本图书馆 CIP 数据核字（2013）第 317332 号

责任编辑：竺南直

印　　刷：北京虎彩文化传播有限公司
装　　订：北京虎彩文化传播有限公司
出版发行：电子工业出版社
　　　　　北京市海淀区万寿路 173 信箱　　邮编：100036
开　　本：720×1000　1/16　　印张：10　字数：200 千字
版　　次：2014 年 1 月第 1 版
印　　次：2023 年 12 月第 9 次印刷
定　　价：22.00 元

凡所购买电子工业出版社图书有缺损问题，请向购买书店调换。若书店售缺，请与本社发行部联系，联系及邮购电话：(010)88254888。

质量投诉请发邮件至 zlts@phei.com.cn，盗版侵权举报请发邮件至 dbqq@phei.com.cn。

服务热线：(010)88258888。

前　言

实验技术是科技工作者的基本功之一，也是电路分析基础课程的重要教学内容。《电路分析实验教程》是电子信息类、控制类专业的基础实验教程，与电路基础和电路分析基础课程相互支撑又相对独立。根据教育部颁发的高等工科院校电路课程基本教学要求和教学大纲要求，《电路分析实验教程》教材实验内容按照理论课程教学内容编排，在总结长期实验教学经验的基础上，结合电路分析现代技术发展，经过几批实验指导教师努力，不断积累、修改和完善而成。

《电路分析实验教程》共 4 章，分三部分。

第一部分涵盖第 1 章，以 Multisim10.0 为例简单介绍电子工作平台的使用过程。第二部分涵盖第 2 章到第 4 章，从内容上划分为三个层次：第 2 章为电路基础实验内容，为第一个层次内容，主要针对电路分析基础理论验证，加深学生对理论知识的认识与掌握；第二层次内容为综合性实验，章节编排在第 3 章，目的是为培养学生对理论知识的综合分析应用能力；第三层次内容为设计性实验，章节编排在第 4 章，根据电路基础与电路分析基础课程的开设时间，同时结合简单电路的实际应用而设，主要目的是通过实验设计，提高学生的专业学习兴趣，培养学生深入理解电子系统中简单电路的原理、特性及应用，锻炼学生自主完成实验内容及实验过程的设计，提高学生分析问题和解决问题的科技创新能力。第三部分为附录部分，简单介绍几种常用电路实验设备的原理组成及使用方法。

与同类教材相比，本书具有以下特色：

（1）基础性实验内容按照电路分析的学习和应用特点进行编排，实验内容分层次设置，同时将实际电路模型，实际应用电路融入到实验模块，帮助学生巩固和加深理解电路理论相关知识，通过正确选用实验方法、进行科学实验环节训练，培养学生理论联系实际的能力。

（2）将 EDA 技术融入教材，努力反映现代电子技术的新技术、新成果，使教材尽可能跟上现代技术的新发展，同时扩展实验空间，弥补硬件实验条件有限的不足。

（3）配套素材丰富。针对本教材配套了相应的电子教案、教学课件及实验录像。

本书可作为大学本科、专科电子、信息类专业电路基础和电路分析基础课程的实验指导书。

本书为长春理工大学规划教材，由许红梅、刘妍妍、张瑜等编写。本书第 1 章由许红梅、刘妍妍执笔，第 2 章由张瑜、刘妍妍执笔，第 3 章由许红梅、刘妍妍执笔，第 4 章由张瑜、许红梅执笔。吴戈、赵海丽，刘云荣、韩春玲等参与编写第 2 章以及附录，吴戈、刘云荣、韩春玲、杨波等参与本书的电路分析设计、仿真、教学课件编写及实验录像等工作。

感谢长春理工大学电工电子实验教学中心同仁的大力支持。本书在编写过程中，承蒙刘树昌教授等的大力支持与帮助，在此表示感谢！

由于编者水平所限，书中不妥之处在所难免，诚请广大读者指正。

目　　录

第 1 章 电子工作平台 EWB

EDA 工具层出不穷，目前具有广泛影响的 EDA 软件有：EWB、PSPICE、PCAD、Protel、MATLAB、Viewlogic、Mentor、Graphics、Synophics、Cadence 等，其中大部分软件都同时具有原理图设计、仿真和 PCB 制作功能。用于电子电路仿真的 EDA 软件包括 PSPICE、EWB、MATLAB、SystemView、MMICAD 等。应用仿真软件参与设计，克服了传统电子产品的设计受实验室客观条件限制的局限性；在虚拟环境下完成设计和分析，不仅提高了电路设计分析的灵活性，而且可以提高产品开发效率。本书以 EWB 仿真软件 Multisim 10.0 为例介绍电子工作平台在电路设计和电路分析中的应用。

1.1 EWB 仿真软件概述

电子工作平台（Electronics WorkBench，EWB）是由加拿大 IIT（Interactive Image Technologies）公司在 20 世纪 90 年代初推出的专门用于电子电路设计与仿真的软件，又称为"虚拟工作台"，主要用于模拟和数字电路的仿真。从 EWB 6.0 版本开始，将专门用于电力仿真与设计模块更名为 Multisim，意为"万能仿真"。相对于其他 EDA 软件，它更多地提供了万用表、示波器、信号发生器等各种虚拟仪器，从而使得电路分析过程虚拟化更加完善。

1.1.1 EWB 工作平台的主要特点

EWB 具有众多的优点，其中主要有以下几个方面：

（1）兼容性能优良。在 Electronics Workbench 中所创建电路中的元器件与其他电子线路分析程序完全兼容，如 PSPICE，它们之间可以相互转换；而且在该软件下创建的电路可以直接输出到常见的印制线路板排版软件，如 Protel，自动排出印制电路板。

（2）界面直观，易学易懂。Electronics Workbench 可视化的人机交互界面，使得拥有一定电子技术的人员可以很轻松地在短时间内学会它的基本操作。并且在 EWB 软件中所用到的器件及仪器都和实际器件和仪器的外形相近。

（3）输出方式灵活。在进行电路仿真的同时，Electronics Workbench 可以记录存储测试点的所有数据，列出被仿真电路的元件清单，以及存储测试仪器的工作状态，显示波形及数据等。

（4）比较丰富、灵活的元器件库。Electronics Workbench 的元器件库不仅提供了数千种电子元件，而且还提供了各种元件的参考参数，用户可以很方便地进行元件参数的调整；同时，用户还可以根据自己的需要创建或扩充元器件库。

（5）采用图形输入的方式创建电路。克服了电路仿真时文本输入的麻烦。在 EWB 中是利用图形输入的方式来创建电路，以系统中的虚拟仪器对电路进行测试分析，分析结果可以用图形和数据两种形式给出，使电路设计和分析的过程更简洁、直观。

（6）可以设置各种电路故障进行电路仿真分析。例如开路、短路和漏电等。

（7）电路分析方法众多。在 Electronics Workbench 中不仅对电路可以进行暂态、稳态分析、时域和频域分析、线性和非线性分析、噪声和失真分析等常规分析，而且还可以对电路进行零点和极点分析、容差分析等。可以对一个所设计的电路进行多方面的了解，从而使设计者设计的电路性能更加优良。

（8）具有完整的混合模拟和数字信号模拟功能。可以任意地在系统中集成数字和模拟元件，会自动的进行信号转换。

因此，EWB 软件非常适合于对电路的基础分析和设计，在电路分析等课程的教学和实验中，具有非常优良的性能。但是，EWB 还是一个比较基本的分析软件，在电路的进一步分析上，它没有 PSPICE 软件细致，它在测量电路的输入阻抗，输出阻抗以及观察电路的支路电流波形等方面还不是很方便；而对于电路的设计，EWB 还不能像 VHDL 语言在 CPLD 设计中那样直接跨越到真实电路的设计中。

1.1.2　EWB 的结构

EWB 软件由五部分组成：输入模块、器件模型处理模块、分析模块、虚拟仪器模块、后续处理模块。各部分功能如下：

（1）输入模块。用户以图形方式输入电路图。

（2）器件模型处理模块。EWB 软件提供了丰富的原件库，并且可以对元器件属性进行编辑，还可以创建新的元件。

（3）分析模块。EWB 软件的分析方法比较丰富，共有近 20 种分析方法。除了具有 Spice 的基本分析方法外，还有一些独有的分析方法，如零极点分析等。

（4）虚拟仪器模块。虚拟仪器模块是 EWB 软件最有特色的部分。虚拟仪器种类多，使用操作方便。

（5）后续处理模块。后续处理模块可以进行电路分析结果的后续处理，包括与多种软件的转换。

其中分析模块和虚拟仪器模块构成了强大的分析与仿真功能。

下面主要以 Multisim 10.0 版本为例介绍其工作过程。

1.2　Multisim 10.0 的基础知识

1.2.1　Multisim 10.0 的基本界面

1. 主界面

Multisim 10.0 的主界面如图 1.2-1 所示，从图可以看到，它是一个非常友好的人机交互环境。Multisim 10.0 的用户界面主要由菜单栏（Menu Bar）、标准工具栏（Standard Toolbar）、应用元件列表（In Use List）、仿真开关（Simulation Switch）、图形注释工具栏（Graphic Annotation Toolbar）、项目栏（Project Bar）、元件工具栏（Component Toolbar）、虚拟工具栏（Virtual Toolbar）、电路窗口（Circuit Windows）、仪器仪表工具栏（Instruments Toolbar）、电路标签（Circuit Tab）、状态栏（Status Bar）和电路元件属性窗口（Spreadsheet View）等组成。

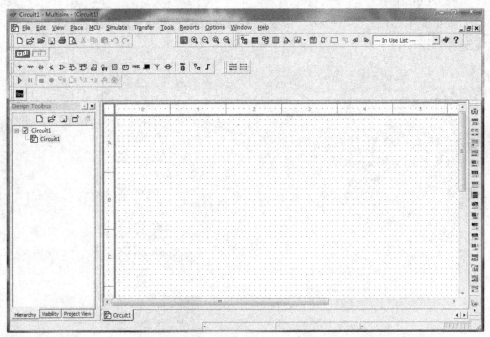

图 1.2-1　Multisim 10.0 的主界面

2. 菜单栏

与其他 Windows 应用程序相似，Multisim 10.0 软件的菜单栏提供了绝大多数的功能命令，如图 1.2-2 所示。

File Edit View Place MCU Simulate Transfer Tools Reports Options Window Help

图 1.2-2 菜单栏

菜单栏从左向右依次是文件菜单（File）、编辑菜单（Edit）、窗口显示菜单（View）、放置菜单（Place）、微控单元菜单（MCU）、仿真菜单（Simulate）、文件输出菜单（Transfer）、工具菜单（Tools）、报告菜单（Reports）、选项菜单（Options）、窗口菜单（Window）和帮助菜单（Help），共 12 个主菜单。

菜单中有一些与大多数 Windows 平台上的应用软件一致的功能选项，如 File、Edit、View、Options、Help 等。此外，还有一些 EDA 软件专用的选项，如 Place、MCU、Simulate、Transfer、Tools 等。下面分别进行介绍。

（1）File 菜单

文件菜单用于 Multisim 10.0 所创建的电路文件的管理，如图 1.2-3 所示。其命令与 Windows 下的其他应用软件基本相同，见表 1.2-1。

（2）Edit 菜单

Edit 菜单如图 1.2-4 所示，主要对电路窗口中的电路或原件进行删除、复制或选择等操作，见表 1.2-2。

图 1.2-3　File 菜单　　　　　　　图 1.2-4　Edit 菜单

表 1.2-1　File 菜单命令与功能

命令	功能	命令	功能
New	建立新文件	Save Project	保存当前项目
Open...	打开文件	Close Project	关闭项目
Open Samples...	打开实例	Version control...	版本控制
Close	关闭当前文件	Print...	打印
Close All	关闭所有文件	Print Preview	打印预览
Save	保存	Print Options	打印操作
Save As...	另存为	Recent Designs	最近打开的电路图文件
Save all	保存所有文件	Recent Projects	最近打开的工程项目文件

表 1.2-2　Edit 菜单命令与功能

命令	功能	命令	功能
Undo	撤销编辑	Order	叠放顺序
Redo	重复	Assign to Layer	指定层
Cut	剪切	Layer Settings	设置层
Copy	复制	Orientation	方向调整
Paste	粘贴	Title Block Position	编辑与电路有关的问题
Delete	删除	Edit Symbol/Title Block	编辑符号/标题模块
Select All	全选	Font...	字体设置
Delete Multi-Page	删除多页	Comment	表单编辑
Paste as Subcircuit	作为子电路粘贴	Forms/Questions	编辑与电路有关的问题
Find...	查找	Properties	打开属性对话框
Graphic Annotation	图形注释选项		

（3）View 菜单

View 菜单如图 1.2-5 所示，用于显示或隐藏电路窗口的某些内容（如工具栏、栅格、纸张边界线等），见表 1.2-3。

（4）Place 菜单

Place 菜单如图 1.2-6 所示，用于在电路窗口中放置元件、节点、总线、文本或图形等，见表 1.2-4。

（5）MCU 菜单

MCU 菜单如图 1.2-7 所示，用于对微控制单元进行控制等功能，见表 1.2-5。

图 1.2-5 View 菜单

图 1.2-6 Place 菜单

表 1.2-3 View 菜单命令与功能

命令	功能	命令	功能
Full Screen	全屏	Show Page Bounds	显示图纸边界
Parent Sheet	显示子电路	Ruler Bars	显示标尺
Zoom In	放大显示	Statusbar	显示状态栏
Zoom Out	缩小显示	Design Toolbox	显示设计管理窗口
Zoom Area	放大所选区域	Spreadsheet View	显示数据表格栏
Zoom Fit to Page	按页放大	Circuit Description Box	电路设计窗口
Zoom Selection	按中心放大	Show Comment/Probe	显示/隐藏工具栏
Show Grid	显示栅格	Grapher	绘图器
Show Border	显示电路边界		

表 1.2-4 Place 菜单命令与功能

命令	功能	命令	功能
Component...	元器件	Replace by Subcircuit	子电路替代
Junction	连接点	Multi-Page	产生多层电路
Wire	导线	Merge Bus...	合并总线矢量
Bus	总线	Bus Vector Connect...	放置总线矢量连接
Connectors	连接器	Comment	放置提示注释
New Hierarchical Block...	新层次模块	Text	放置文本
Replace by Hierarchical Block	层次模块替换	Graphics	放绘图工具
Hierarchical Block form File...	从文件获取层次模块	Title Block...	放置一个标题栏
New Subcircuit	新子电路		

图 1.2-7　MCU 菜单

表 1.2-5　　MCU 菜单命令与功能

命令	功能
No MCU Component Found	无微控元件
Debug View Format	调试
MCU Windows…	微控单元窗口
Show Line Numbers	显示行数
Pause	暂停
Step into	执行
Step over	跳过
Step out	停止
Run to cursor	执行至光标处
Toggle breakpoint	设置断点
Remove all breakpoints	恢复所有断点

（6）Simulate 菜单

Simulate 菜单如图 1.2-8 所示，主要用于仿真的设置与操作，见表 1.2-6。

（7）Transfer 菜单

Transfer 菜单如图 1.2-9 所示，用于将 Multisim 10.0 的电路文件或仿真结果输出到其他应用软件，见表 1.2-7。

（8）Tools 菜单

Tools 菜单如图 1.2-10 所示，用于编辑或管理元件库或元件，见表 1.2-8。

（9）Report 菜单

Report 菜单如图 1.2-11 所示，用于产生当前电路的各种报告，见表 1.2-9。

图 1.2-8　Simulate 菜单　　　　　　　　　图 1.2-9　Transfer 菜单

表 1.2-6　Simulate 菜单命令与功能

命令	功能	命令	功能
Run	运行	XSpice Command Line Interface	XSpice 命令行
Pause	暂停	Load Simulation Settings …	加载仿真设置
Stop	停止	Save Simulation Settings	保存仿真设置
Instruments	虚拟仪器	Auto Fault Option	自动设置电路故障选项
Interactive Simulation Settings …	交互仿真设置	VHDL Simulation	VHDL 仿真
Digital Simulation Settings …	设置数字仿真参数	Dynamic Probe Properties	探针属性设置
Analyses	选用各项分析功能	Reverse Probe Direction	交换探针方向
Postprocessor …	启用后处理	Clear Instrument Data	清除仪器数据
Simulation Error Log/Audit Trail	仿真错误报告	Use Tolerances	允许误差

表 1.2-7　Transfer 菜单命令与功能

命令	功能
Transfer to Ultiboard 10	传送到 Ultiboard 10
Transfer to Ultiboard 9 or earlier	传送到 Ultiboard 9 或更早版本
Export to PCB Layout	导出到其他 PCB 制图软件
Forward Annotate to Ultiboard 10	将 Multisim 10 中的元件注释改变传送到 Ultiboard 10
Forward Annotate to Ultiboard 9 or earlier	将 Multisim 10 中的元件注释改变传送到 Ultiboard 9 或更早版本
Backannotate from Ultiboard	将 Ultiboard 10 中的元件注释改变传送到 Multisim 10
Highlight Selection in Ultiboard	对 Ultiboard 电路中所选元件以高亮显示
Export Netlist	将电路图文件导出为 Spicewang 网表文件（*.cir）

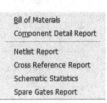

图 1.2-10　Tools 菜单　　　　　　　图 1.2-11　Report 菜单

表 1.2-8　　Tools 菜单命令与功能

命令	功能	命令	功能
Component Wizard	元器件向导	Electrical Rules Check	电气规则检查
Database	数据库	Clear ERC Markers	清除 ERC 标志
Variant Manager	变量管理器	Toggle NC Marker	更换 NC 标志
Set Active Variant	设置活动变量	Symbol Editor…	符号编辑器
Circuit Wizards	电路编辑向导	Title Block Editor…	标题栏编辑器
Rename/Renumber Components	重命名元器件	Description Box Editor…	电路描述编辑器
Replace Components…	置换元器件	Edit Labels…	编辑标签
Update HB/SC Symbols	更新子电路模块		

表 1.2-9　Report 菜单命令与功能

命令	功能	命令	功能
Bill of Materials	元件清单	Cross Reference Report	参考报告
Component Detail Report	元件详细报告	Schematic Statistics	原理图统计表
Netlist Report	网络表报告	Spare Gates Report	剩余门报告

（10）Options 菜单

Options 菜单如图 1.2-12 所示，用于定制电路的界面和某些功能的设置，见表 1.2-10。

（11）Window 菜单

Window 菜单如图 1.2-13 所示，用于控制 Mulitisim 10.0 窗口显示的命令，并列出所有被打开的文件，见表 1.2-11。

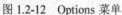

图 1.2-12　Options 菜单　　　　　　　图 1.2-13　Window 菜单

表 1.2-10　Options 菜单命令与功能

命令	功能
Global Preferences…	全局参数设置
Sheet Properties…	表格属性
Global Restrictions…	设定软件整体环境参数
Circuit Restrictions…	设定编辑电路的环境参数
Customize User Interface…	定制用户界面
Simplified Version…	设置简化版本

表 1.2-11　Window 菜单命令与功能

命令	功能
New Window	新建窗口
Close	关闭当前窗口
Close All	关闭所有窗口
Tile Horizontal	电路窗口水平方向重排
Tile Vertical	电路窗口垂直方向重排
1 Circuit 1	各当前已经打开的电路图文件切换
Windows…	显示所有窗口列表，并选择激活窗口

（12）Help 菜单

Help 菜单如图 1.2-14 所示，为用户提供在线技术帮助和使用指导，见表 1.2-12。

表 1.2-12　Help 菜单命令与功能

命令	功能
Multisim Help	帮助主题目录
Component Reference	元件帮助主题索引
Release Notes	版本注释
Check For Updates…	检查软件更新
File Information…	当前电路图的文件信息
Patents…	专利信息
About Multisim…	有关 Multisim 10.0 的说明

图 1.2-14　Help 菜单

1.2.2　工具栏

Multisim 10.0 提供了多种工具栏，并以层次化的模式加以管理，用户可以通过 View 菜单中的选项方便地将顶层的工具栏打开或关闭，在通过顶层工具栏的按钮来管理和控制下层的工具栏。通过工具栏，用户可以方便直接地使用软件的各项功能。

（1）标准工具栏

标准工具栏提供了 Multisim 10.0 的基本功能，如图 1.2-15 所示。标准工具栏包含了常见的文件操作和编辑操作。

（2）View 工具栏

View 工具栏提供了视图选择功能，如图 1.2-16 所示。

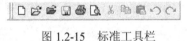

图 1.2-15　标准工具栏　　　　　　　　　　图 1.2-16　View 工具栏

（3）Main 工具栏

Main 工具栏如图 1.2-17 所示。

图 1.2-17　Main 工具栏

（4）Components 工具栏

Multisim 10.0 把所有的元件分成 16 类库，再加上放置分层模块、总线。Components 工具栏如图 1.2-18 所示。

图 1.2-18　Components 工具栏

（5）Instruments 工具栏

Multisim 10.0 提供了 21 种仪表。仪表工具栏通常位于电路窗口的右边，也可以用鼠标将其拖至菜单的下方。Instruments 工具栏如图 1.2-19 所示。

图 1.2-19　Instruments 工具栏

（6）Simulink 工具栏

仿真开关主要用于仿真过程的控制，如图 1.2-20 所示。仿真开关包含启动/停止按钮和暂停按钮。

图 1.2-20　Simulink 工具栏

1.3　Multisim 10.0 的基本操作

对 Multisim 10.0 的基本界面和常用功能了解之后，下面将通过具体的仿真实例逐步介绍其使用方法。

1.3.1　操作实例 1：简单电阻电路的设计与分析

要求：①熟悉 Multisim 10.0 的操作环境；②练习使用 Multisim 10.0 进行电路的创建；③会用电流表和电压表对所设计的电路进行测量。

下面我们将借助 Multisim 10.0 来完成以上任务。

1. 打开、新建和保存

首先打开 Multisim 10.0 应用程序，打开如图 1.3-1 所示的主界面。

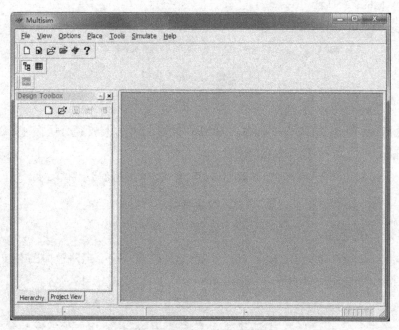

图 1.3-1　Multisim 10.0 主界面

（1）新建文件：在 File 菜单中选择 New 命令，这时 Multisim 10.0 会自动将新建文件命名为 Circuit1，显示界面如图 1.3-2 所示。

（2）文件保存：单击 File 菜单，选择 Save 命令即可保存文件，如图 1.3-3 所示。

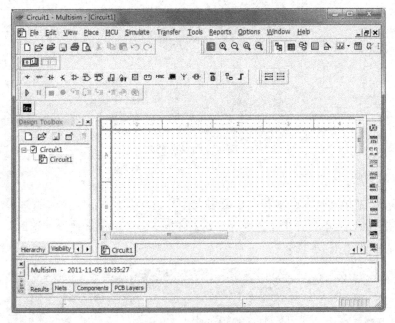

图 1.3-2 Circuit1 界面

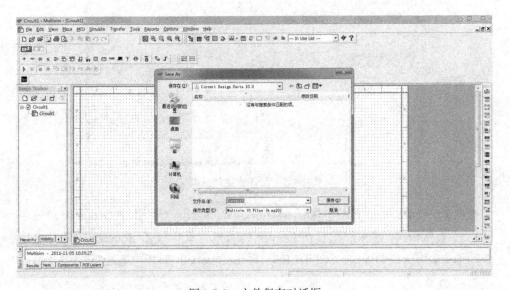

图 1.3-3 文件保存对话框

2. 连接电路图

借助 Multisim 10.0 进行电路连接仿真。电路图如图 1.3-4 所示。

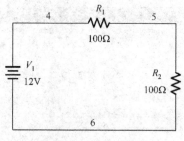

图 1.3-4　简单电路图

具体步骤如下：

（1）放置直流电源电阻和虚拟万用表

单击 Place 菜单，弹出下拉菜单，选择 Place Component 命令，这时弹出元件放置对话框如图 1.3-5 所示。

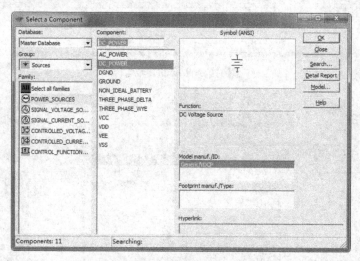

图 1.3-5　元件放置对话框

在 Database 下拉列表中选择 Master Database 选项，并在 Group 下拉列表框中选择 Sources 选项，此时在 Family 列表框中就出现了 Sources 中的几个组件，选中其中的 POWER_SOURCES，在 Component 列表中有相应的电源器件供用户选择。

选中 DC_POWER 器件后，在右侧会出现器件相应的属性。单击 OK 按钮，就会出现一个跟随鼠标移动的直流电压源的任务，如图 1.3-6 所示。

用鼠标右键单击直流电压源图标，在快捷菜单栏中选择 Properties 命令，就会弹出直流电压源属性菜单，如图 1.3-7 所示。通过此菜单就可以修改直流电压源的相关参数。

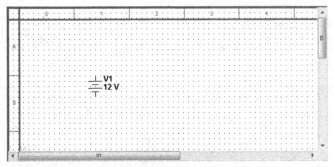

图 1.3-6　放置直流电压源

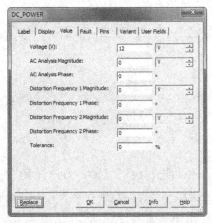

图 1.3-7　直流电压源设置

按照上述方法，在图 1.3-8 所示的 Group 下拉列表中选中 Basic，依次在 Family 和 Component 列表中进行选择，找到相应的电阻按图 1.3-4 放置即可。

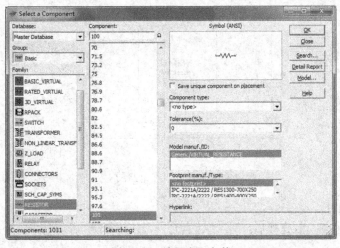

图 1.3-8　放置电阻之件

最后，我们放置虚拟万用表。在虚拟仪器组件工具栏上单击万用表图标，在电路窗口的适当位置再单击左键，即可完成虚拟万用表的放置。放置完器件的电路如图 1.3-9 所示。

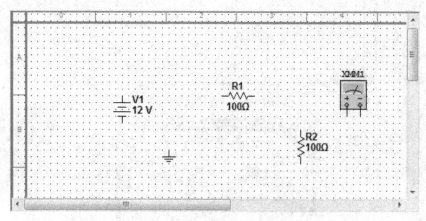

图 1.3-9 放置完器件的电路图

（2）电气连接

放置好所需器件后，开始进行电气连接。方法同其他的电路设计软件类似。在 Place 菜单中选择 Wire 命令，鼠标就会变成"十"字光标，将光标移至器件引脚单击鼠标左键，这时会出现一条与鼠标同步运动的导线，移动鼠标至另一器件的引脚上。

当引脚上出现红色小圆点时，表明导线即将连上，这时单击鼠标，完成器件之间的电气连接，如图 1.3-10 所示。

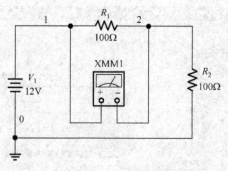

图 1.3-10 所需电路图

（3）仿真

电路原理图绘制完成后，单击"仿真开关"按钮，启动电路仿真，如图 1.3-11 所示。

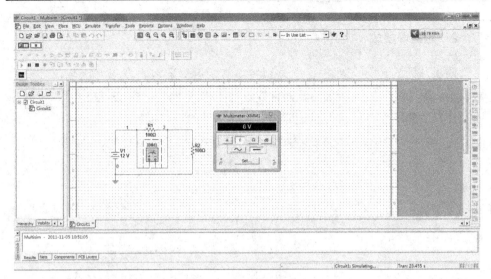

图 1.3-11   启动仿真

在万用表上双击鼠标左键，即可出现万用表指示面板，单击面板上电压 $\boxed{\text{V}}$ 按钮以及直流 $\boxed{\quad}$ 按钮，完成万用表测量直流电压挡选择，由图 1.3-11 可知，此电路中电阻 R_1 上的直流电压测量值为 6V。

1.3.2   操作实例 2：高通滤波器电路的设计与分析

1. 高通滤波器电路图

高通滤波器电路图如图 1.3-12 所示。

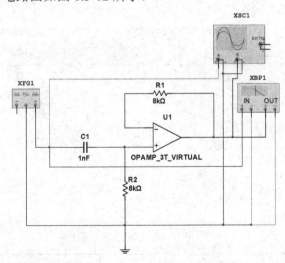

图 1.3-12   高通滤波器电路图

2. 元器件摆放

依次从所对应的元器件库中分别将电容、运算器放大器以及函数信号发生器、示波器、波特图绘图仪等元器件摆放在工作区上，如图 1.3-13 所示，再对各元器件参数和工作条件进行设定即可完成元器件的选择流程。

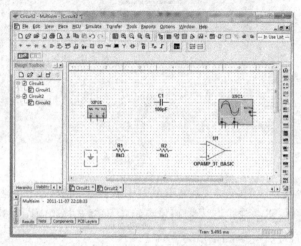

图 1.3-13　元器件调用电路图

3. 导线连接

将元器件摆放合适之后，接着按照起初所设计的电路将各元器件之间的导线连好，如图 1.3-14 所示。

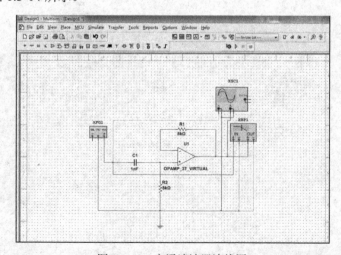

图 1.3-14　高通滤波器连线图

4. 运用虚拟仪器观察实验结果

电路完全连好后，就可以利用 Multisim 10.0 的虚拟仪器对电路仿真结果进行观察。在工作区上双击仪器图标，出现仪器数据显示面板，我们首先可以调整函数信号发生器所提供的输入信号的特性。输入方波，频率为 1MHz，幅度为 10V，占空比为 50%，偏置为 0，然后双击示波器图标，出现示波器显示面板，如图 1.3-15 所示。

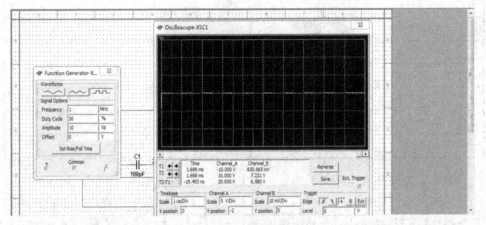

图 1.3-15　电路仿真结果

然后可以任意改变一些电路参数，观察电路的频率特性以及电路输入输出信号波形之间的关系，从而对电路特性与电路设计参数之间的关系增加一些感性的认识，在今后的设计中，能设计出更加优良的电路，如图 1.3-16 所示。

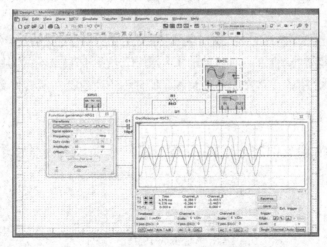

图 1.3-16　电容为 10pF 时的电路仿真结果

1.4　Multisim 10.0 的元器件库

Multisim 10.0 的元件和常用测试仪器非常丰富，Multisim 10.0 所包括的元器件种类如表 1.4-1 所示。

表 1.4-1　Multisim 10.0 所包括的元器件种类

📊	自定义器件库	⊤	信号源库
-w-	基本电路器件库	⊬	二极管库
⚡	晶体三极管库	▷	模拟集成芯片库
🔲	混合集成芯片库	◇	数字集成芯片库
▷	逻辑门电路库	🔢	数字电路库
🔳	显示器件库	⬆	控制器件库
M	其他器件库	🔳	虚拟仪器库

这些元件库都以图形的形式显示在主界面上。设计电路时，用户只需单击所需元件库图标即可打开所对应的元件库，按下鼠标左键从中选择所需要的元件后继续按住鼠标左键拖动元件图标到设计区合适位置，松开鼠标左键，该元件即被选中。如果需要对元件的属性或放置位置、形状做一定的修改，双击工作区内所选中的元件图标后可以打开一个元件属性对话框，根据要求选择合适的参数，用户即可完成对元件特性的选择。

每一类型的器件库中又包含不同型号的器件，器件的外形和实际器件的符号一致。

在自定义器件库图标的下拉窗口中呈现的是用户所自行定义的元器件图标，是根据用户不同的需要而不同的，而其他的几个器件库中所包括的器件型号则是固定的。

下面分别介绍各元器件库名称及各元器件库中所包括的元器件名称。

1. 信号源库

信号源库如图 1.4-1 所示。其中，各图标所代表的元件功能如表 1.4-2 所示。

图 1.4-1　Multisim 10.0 信号源库

表 1.4-2　Multisim 10.0 信号源种类

⏚	接地	⎓	电池
①	直流电流源	⊙	直流电压源
⊕	交流电流源	◇	电压控制电压源
◇	电压控制电流源	◇	电流控制电压源
◇	电流控制电流源	V_{CC}	V_{CC} 电压源
V_{dd}	V_{dd} 电压源	①	时钟电源
⊕	调幅电源	⊕	调频电源
◇	压控正弦波电源	◇	压控三角波电源
◇	压控方波电源	◇	受控单脉冲电源
▣	分段线性电源	◇	压控分段线性电源
◇	频移键控电源	▦	任意组合多项式电源
▦	非线性相关电源		

2. 二极管库

二极管库如图 1.4-2 所示。其中，各图标所代表的元件类型如表 1.4-3 所示。

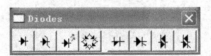

图 1.4-2　Multisim 10.0 二极管库

表 1.4-3　Multisim 10.0 二极管类型

⊬	普通二极管	⊬	稳压二极管
⊬	发光二极管	❋	桥式整流电路
⊬	肖特基二极管	⊬	可控硅整流管
⊬	双向可控硅管	⊬	三端双向可控硅管

3. 基本器件库

基本器件库如图 1.4-3 所示。其中，各图标所代表的元件类型如表 1.4-4 所示。

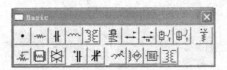

图 1.4-3　Multisim 10.0 基本器件库

表 1.4-4   Multisim 10.0 基本器件类型

	节点		电阻
	电容		电感
	变压器		继电器
	开关		延时开关
	压控开关		流控开关
	上拉电阻		电位器
	电阻排		压控模拟开关
	极性电容		可调电容
	可调电感		无芯线圈
	磁芯线圈		非线性变压器

4. 晶体三极管库

晶体三极管库如图 1.4-4 所示。其中，各图标所代表的元件类型如表 1.4-5 所示。

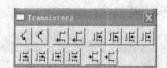

图 1.4-4   Multisim 10.0 晶体三极管库

表 1.4-5   Multisim 10.0 晶体三极管类型

	NPN 三极管		PNP 三极管
	N 沟道结型场效应管		P 沟道结型场效应管
	三端耗尽型 NMOS		三端耗尽型 PMOS
	四端耗尽型 NMOS		四端耗尽型 PMOS
	三端增强型 NMOS		三端增强型 PMOS
	四端增强型 NMOS		四端增强型 PMOS
	N 沟道砷化镓		P 沟道砷化镓

5. 模拟集成芯片库

模拟集成芯片库如图 1.4-5 所示。其中，各图标所代表的元件类型如表 1.4-6 所示。

图 1.4-5　Multisim 10.0 模拟集成芯片库

表 1.4-6　Multisim 10.0 模拟集成芯片类型

▷	三端运算放大器	▷	五端运算放大器
▷	七端运算放大器	▷	九端运算放大器
▷	比较器	PLL	锁相环

6. 混合集成芯片库

混合集成芯片库如图 1.4-6 所示。其中，各图标所代表的元件类型如表 1.4-7 所示。

图 1.4-6　Multisim 10.0 混合集成芯片库

表 1.4-7　Multisim 10.0 混合集成芯片类型

ADC	模拟/数字转换芯片	I DAC	电流型数字/模拟转换芯片
V DAC	电压型数字/模拟转换芯片	MONO	单稳态触发器
555	555 集成芯片		

7. 数字集成芯片库

数字集成芯片库如图 1.4-7 所示。其中，各图标所代表的元件类型如表 1.4-8 所示。

图 1.4-7　Multisim 10.0 数字集成芯片库

表 1.4-8　Multisim 10.0 数字集成芯片类型

74xx	74xx 系列芯片	741xx	741xx 系列芯片
742xx	742xx 系列芯片	743xx	743xx 系列芯片
744xx	744xx 系列芯片	4xxx	4xxx 系列芯片

8. 逻辑门库

逻辑门库如图 1.4-8 所示。其中，各图标所代表的元件类型如表 1.4-9 所示。

图 1.4-8　Multisim 10.0 逻辑门库

表 1.4-9　Multisim 10.0 逻辑门类型

	与门		或门
	非门		或非门
	与非门		异或门
	同或门		三态缓冲器
	缓冲器		施密特触发器
AND	与门芯片	OR	或门芯片
NAND	与非门芯片	NOR	或非门芯片
NOT	非门芯片	XOR	异或门芯片
XNOR	同或门芯片	BUF	缓冲器芯片

9. 数字集成电路库

数字集成电路库如图 1.4-9 所示。其中，各图标所代表的元件类型如表 1.4-10 所示。

图 1.4-9　Multisim 10.0 数字集成电路库

表 1.4-10　Multisim 10.0 数字集成电路类型

	半加器		全加器
	RS 触发器		JK 触发器 I 型
	JK 触发器 II 型		D 触发器 I 型
	D 触发器 II 型		多路选择器
DEC	多路分配器	ENC	编码器
	算术运算器	123	计数器
	移位寄存器	FF	触发电路

10. 显示器件库

显示器件库如图 1.4-10 所示。其中，各图标所代表的元件类型如表 1.4-11 所示。

图 1.4-10　Multisim 10.0 显示器件库

表 1.4-11　Multisim 10.0 显示器件类型

V	电压表	A	电流表
	灯泡		彩色指示灯
	七段数码管		译码数码管
	蜂鸣器		条形光柱
	译码条形光柱		

11. 控制器件库

控制器件库如图 1.4-11 所示。其中，各图标所代表的元件类型如表 1.4-12 所示。

图 1.4-11　Multisim 10.0 控制器件库

表 1.4-12　Multisim 10.0 控制器件类型

	电压微分器		电压积分器
K	电压比例器		传递函数模块
	乘法器		除法器
	三端加法器		电压限幅器
	电压控制型限幅器		电流控制型限幅器
	电压滞回器		电压变化率模块

12. 其他综合器件库

其他综合器件库如图 1.4-12 所示。其中，各图标所代表的元件类型如表 1.4-13 所示。

图 1.4-12　Multisim 10.0 其他综合器件库

表 1.4-13　Multisim 10.0 其他综合器件类型

〰	熔断丝	🔋	数据写入器
NET	子电路网络表	🔲	有损耗传输线
🔲	无损耗传输线	⟊	石英晶体
🔲	直流电机	🔲	真空三极管
⬆	开关式升压变压器	⬇	开关式降压变压器
⬍	开关式升降压变压器		

13. 虚拟测量仪器库

虚拟测量仪器库如图 1.4-13 所示。

图 1.4-13　Multisim 10.0 虚拟测量仪器库

Multisim 10.0 在仪器仪表栏下提供了 21 个 Agilent 信号发生器、常用仪器仪表，依次为数字万用表、函数发生器、失真度仪、瓦特表、双通道示波器、频率计、Agilent 函数发生器、波特图仪、IV 分析仪、字信号发生器、逻辑转换器、逻辑分析仪、Agilent 示波器、Agilent 万用表、四通道示波器、频谱分析仪、网络分析仪、Tektronix 示波器、动态测量探头、LaBVIEW、电流探针。

1.5　虚拟测量仪器

Multisim 10.0 提供了电路分析所需的常规仪器，它们以虚拟仪器的形式供使用者在电路分析测量时使用，Multisim 10.0 的仪器库中所包含的主要仪器如 1.2 节中图 1.2-19 所示，为方便起见，这里将它重新给出，如图 1.5-1 所示。

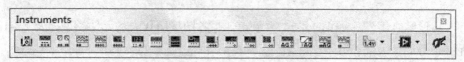

图 1.5-1　Multisim 10.0 常用仪器库

下面分别对电工电路实验中几种常见的仪器进行简要的介绍。

1. 数字万用表

Multisim 10.0 提供的数字万用表具有自动量程转换的功能，可以对电压、电流、电阻和分贝进行测量，每个挡位可以根据用户需要来设定。

万用表在电路设计中的图标以及在进行电路测量时双击工作区万用表图标进行读数时的工作面板如图 1.5-2 所示。

图 1.5-3 为对数字万用表进行测量设置的对话框，在对话框中按设计需要进行设置，就可以完成对电路变量的测量。

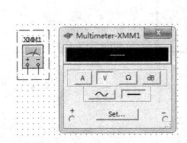

图 1.5-2　数字万用表

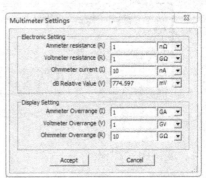

图 1.5-3　数字万用表测量设置对话框

2. 示波器

示波器是实验室常用仪器之一，在进行常规实验过程中，由于学生对这种实验仪器非常陌生，所以在实验中往往由于仪器使用不当而对实验内容没有足够的时间进行理解，达不到实验所预期的目的。在 Multisim 10.0 中，由于虚拟仪器的优越性，不需要学生对仪器做更多的调整，实验结果就可以很清晰地显示出来。当然，在工程实践中，实际示波器的应用对于一个电气工程师来说还是必须掌握的。Multisim 10.0 可提供双踪示波器及四通道示波器，可进行数字读数，数字存储。其图标和测量显示面板如图 1.5-4 所示。

3. 函数信号发生器

由 Multisim 10.0 所提供的函数信号发生器可产生正弦波、三角波和方波信号，图 1.5-5 所示为在 Multisim 10.0 工作窗口中的信号发生器图标和在对电路进行仿真时对函数信号发生器进行参数设置的图形。在进行电路设计时，将函数信号发生器连在需要提供信号的端口上即可。

对所提供的信号，在参数设置面板上可以对信号波形、频率、占空比、幅度以及偏移量进行设置。

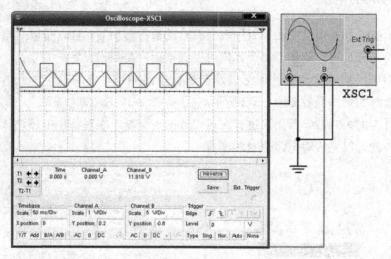

图 1.5-4　示波器

4. 波特图绘图仪

对电路的分析，经常需要进行电路频率特性的测试。理论分析时，我们可以对简单电路的频率特性进行计算，但对于复杂电路的特性描绘就需要借助一些方法手段才能完成。在 Multisim 10.0 中，利用它所提供的波特图绘图仪，就可以很方便地对电路的频率特性进行测量和描绘。Multisim 10.0 的波特图绘图仪的图标及面板形状分别如图 1.5-6 和图 1.5-7 所示。

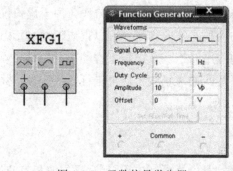

图 1.5-5　函数信号发生器　　　　　　　　图 1.5-6　波特图绘图仪图标

波特图绘图仪有输入（IN）和输出（OUT）两对端口，每对端口从左到右分别为+V 端和−V 端，其中输入端口的+V 端和−V 端分别接电路输入端的正端和负端，OUT 端口的+V 端和–V 端分别接电路输出端的正端和负端。此外在使用波特图绘图仪时，必须在电路的输入端接入 AC（交流）信号，但对其信号频率的设定并无特殊要求，频率测量的范围由波特图绘图仪的参数设置决定。

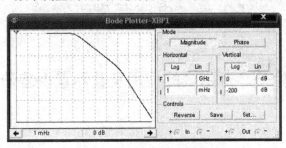

图 1.5-7　波特图绘图仪面板

第2章   电路基础性实验

实验一   万用表的使用及其测量误差研究

一、实验目的

（1）掌握万用表的基本原理和使用方法；

（2）研究万用表内阻对测量结果的影响；

（3）熟悉电路分析实验箱及使用方法；

（4）掌握线性电阻元件，非线性电阻元件及电源元件伏安特性的测量方法。

二、实验原理及说明

电路分析实验中的测量仪器一般称为电子测量仪器，即其测量的是有关的量值。在教学和实际工作中需要对直流电压、直流电流、交流电压、交流电流、功率等参量进行测量，同时很多情况下需要对电阻、电容、二极管等原件的参数进行测试。最常用的电工测量仪器有万用表、交流毫伏表等。

1. 万用表

万用表是最常用的电子测量仪器之一，用它可以对电压、电流和电阻等多种物理量进行测量，测量过程中可以根据所测物理量量值选择不同的量程。

（1）电压、电流挡

万用表的内部组成从原理上分为两部分：即表头和测量电路。表头通常是一个直流微安表，它的工作原理可归纳为："表头指针的偏转角与流过表头的电流成正比"。在设计电路时，只考虑表头的"满偏电流 I_m"和"内阻 R_i"值就够了。满偏电流是指表针偏转满刻度时流过表头的电流值，内阻则是表头线圈的铜线电阻。表头与各种测量电路连接就可以进行多种电量的测量。通常借助于转换开关可以将表头与这些测量电路分别连接起来，就可以组成一个万用表。

例如在测量图 2.1-1 中 R 支路的电流和电压时，电压表在线路中的连接方法有两种可供选择，如图中的 1-1′点和 2-2′点。在 1-1′点时，电流表的读数为流过 R

的电流值，而电压表的读数不仅含有 R 上的电压降，而且含有电流表内阻上的电压降，因此电压表的读数较实际值为大；当电压表在 2-2'处时，电压表的读数为 R 上的电压降，而电流表的读数除含有电阻 R 的电流外还含有流过电压表的电流值，因此电流表的读数较实际值为大。

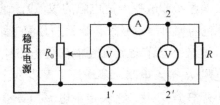

图 2.1-1　测量元件电压和电流线电路图

显而易见，当 R 的阻值比电流表的内阻大得多时，电压表宜接在 1-1'处；当电压表的内阻比 R 的阻值大得多时，则电压表的测量位置应选择在 2-2'处。实际测量时，某一支路的电阻常常是未知的，因此，电压表的位置可以用下面方法选定：先分别在 1-1'和 2-2'两处试一试，如果这两种接法电压表的读数差别很小，甚至无差别，即可接在 1-1'处。如果两种接法电流表的读数差别很小或无甚区别，则电压表接于 1-1'处或 2-2'处均可。

在测量电压时，红表笔接在电路的高电位、黑表笔接在低电位；测量电流时，万用表要串入电路中，红表笔是电流流入端。

（2）欧姆挡

① 原理说明

电阻的测量是利用在固定电压下将被测电阻串联到电路时要引起电路中电流改变这一效应来实现的，图 2.1-2 所示是一种最简单的欧姆表线路。

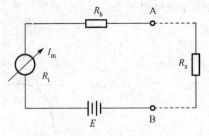

图 2.1-2　欧姆表测量原理图

它是将一只磁电式测量机构（表头 R_i）、限流电阻 R_b 和干电池（电势为 E）组合而成的，若表头的满偏电流为 I_m，内阻为 R_i，接入被测电阻 R_x 后流过表头的电流 I_x 可用下式表达：

$$I_x = \frac{F}{(R_i + R_b) + R_x}$$

从这个公式可以看出，被测电阻 R_x 越小，电路的电流 I_x 越大；反之，则越小。因此通过表头的电流值即可间接反映 R_x 的大小。

为了改变欧姆表的量程（即改变中值电阻的数值），通常的办法是给表头并联上一个分流电阻 R_S。电阻挡可以单独设计自己的分流电路，也可以和电流挡共用一个环流分流电路，这样不但节省元件还能简化电路计算，不过这时要使用转换开关把"调零"电阻 R 接入电路，就增加了电路设计上的困难。采用这种方法，中值电阻值也不能任意选用，它决定于电流挡量程数值和所用的电池电势 E 的大小。

② 电阻伏安特性的测量

电阻性元件的特性可用其端电压 U 与通过它的电流 I 之间的函数关系来表示，这种 U 与 I 的关系称为电阻的伏安关系。如果将这种关系表示在 $U \sim I$ 平面上，则称为伏安特性曲线。

线性电阻元件的伏安特性曲线是一条通过坐标原点的直线，该直线斜率的倒数就是电阻元件的电阻值，如图 2.1-3 所示。由图可知线性电阻的伏安特性对称于坐标原点，这种性质称为双向性，所有线性电阻元件都具有这种特性。

半导体二极管是一种非线性电阻元件，它的阻值随电流的变化而变化，电压、电流不服从欧姆定律。半导体二极管的电路符号用"——▶|——"表示，其伏安特性如图 2.1-4 所示。由图可见，半导体二极管的伏安特性曲线对于坐标原点是不对称的，具有单向性特点。因此，半导体二极管的电阻值随着端电压的大小和极性的不同而不同，当直流电源的正极加于二极管的阳极而负极与阴极连接时，二极管的电阻值很小，反之二极管的电阻值很大。

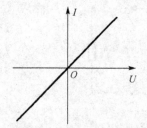
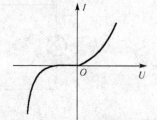

图 2.1-3　线性电阻的伏安特性　　　图 2.1-4　半导体二极管伏安特性

（3）测量误差的影响

在实际测量中，万用表在测量两点电压时，把测量表笔与这两点并联；测电流时，应把该支路断开，把电流表串联接入此支路。因此要求电压表内阻为无穷大，而电流表内阻为零。但实际万用表都达不到这个理想程度，接入电路时，使电路状态发生变化。测量的读数值与电路实际值之间产生误差。这种由于仪表的内阻引入的测量误差称为方法误差。这种误差值的大小与仪表本身内阻值的大小密切相关。

电压源能保持其端电压为恒定值且内部没有能量损失的电压源称为理想电压源。理想电压源实际上是不存在的，实际电压源可以用理想电压源与电阻的串联组合来作为模型。显然，实际电压源的内阻越小，其特性越接近理想电压源。实验箱内直流稳压电源的内阻很小，当通过的电流在规定的范围内变化时，可以近似地当做理想电压源来处理。

测量误差的大小通常分为绝对误差和相对误差。绝对误差不能确切地反映测量的准确程度，绝对误差表示为：$\Delta x = x - x_0$，其中 x 为被测量的值，x_0 为实际值；相对误差是绝对误差与实际值的比值：$\gamma = \dfrac{\Delta x}{x_0} \times 100\%$。

电表的准确度是由"准确级"来说明的。我国生产的电表的准确级分为 0.1、0.2、0.5、1.0、1.5、2.5 和 5.0 七级。准确级 α 的定义是

$$\alpha \geqslant 100 \triangle m / \alpha m$$

其中，Δm 是电表的最大绝对误差，αm 是电表的量程。所以，α 值越小，准确度越高。

三、仪器设备

（1）电工实验箱；
（2）指针式万用表；
（3）数字万用表。

四、实验内容

1. 使用两种万用表欧姆挡对电阻进行测量

测量参照表 2.1-1 进行。

表 2.1-1　用万用表测量电阻

	75kΩ	43kΩ	22kΩ	2.2kΩ	200Ω
指针表					
DT9205 数字表					

2. 电压表内阻对测量结果的影响

按图 2.1-5 连线，分别测量两电阻上的电压，数据记录在表 2.1-2 中。测量值与理论值比较并进行分析，从中得出结论。

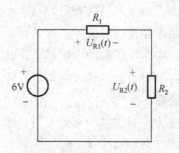

图 2.1-5　简单串联电路电压测试

表 2.1-2　记录测量数据表

	表量程	$R_1 = 75\text{k}\Omega$	$R_2 = 43\text{k}\Omega$	I
		U_{R1}	U_{R2}	mA
理论值				
数字表	20V			

3. 半导体二极管伏安特性测量

选用 2CK 型普通半导体二极管作为被测元件，实验线路如图 2.1-6 所示。图中电阻 R 为限流电阻，用以保护二极管。在测量二极管反向特性时，由于二极管的反向电阻很大，流过它的电流很小，电流表应选用直流微安挡。

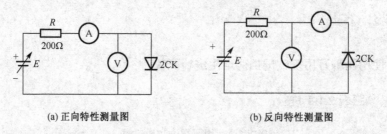

(a) 正向特性测量图　　　　　　　　(b) 反向特性测量图

图 2.1-6　二极管伏安特性测量

（1）正向特性

按图 2.1-6(a)接线，经检查无误后，开启直流稳压源，调节输出电压，使电流表读数分别为表 2.1-3 中的数值，对于每一个电流值测量出对应的电压值，记入表 2.1-3 中，为了便于作图在曲线的弯曲部位可适当多取几个点。

表 2.1-3　二极管正向特性测量数据表

I(mA)	0	0.001	0.01	0.1	1	3	10	20	30	40	50...	...90	150
U(V)													

（2）反向特性

按图 2.1-6(b)接线，经检查无误后，接入直流稳压电源，调节输出电压为表 2.1-4 中所列数值，并将测量所得相应的电流值记入表 2.1-4 中。

表 2.1-4　二极管反向特性测量数据表

U(V)	0	5	10	15	20
I(μA)					

4．用电路仿真软件仿真以上实验内容。

五、实验注意事项

（1）实验时，稳压源输出端不可短路，测量二极管正向特性时，应注意电流表读数不可超过 25mA，以免损坏。

（2）进行不同实验时，应先估算电压和电流值，合理选择仪表及量程，勿使仪表超量程，并注意仪表的极性。

六、思考题

（1）有一个线性电阻 R = 200Ω，用电压表、电流表测量电阻 R，已知电压表内阻 R_V = 10kΩ，电流表内阻 R_A = 0.2Ω，问电压表与电流表怎样接法其误差较小？

（2）如何判断某一元件为线性电阻还是非线性电阻？线性电阻与二极管的伏安特性有何区别？

（3）万用表在测量直流电压或直流电流时，红黑表笔所接元件两端位置不同时，测量结果有什么不同，为什么？

（4）利用万用表测量电阻时，在有源电路中完成测试和将电阻从电路中断开时测量结果有什么不同，为什么？

（5）查阅资料，了解万用表的其他一些用途。

实验二　基尔霍夫定律

一、实验目的

（1）验证基尔霍夫定律，加深对 KCL、KVL 适用范围的认识；

（2）加深对电流参考方向、电压参考极性的认识；

（3）进一步熟悉采用万用表测量电压、电流的方法。

二、实验原理及说明

1. 实验原理

基尔霍夫定律是适用于集总参数电路的基本定律，具有普遍性。无论是线性电路还是非线性电路，无论是时变电路还是非时变电路，在任一瞬间测出电路中的各支路电流及各支路电压都应符合上述定律。它包括以下两个方面的内容。

（1）基尔霍夫电流定律（简称 KCL）

任何集总参数电路中，在任意时刻，流入（或流出）任一结点（或封闭面）的电流的代数和恒等于零。假设流过结点的 n 条支路中第 k 条支路电流用 i_k 表示，则 KCL 可表示为：

$$\sum_{k=1}^{n} i_k = 0$$

对电路某结点列写 KCL 方程时，流出该结点的支路电流取正号，流入该结点的支路电流取负号。KCL 不仅适用于结点，也适用于任何假想的封闭面，即流出（或流入）任一封闭面的全部支路电流代数和等于零。

（2）基尔霍夫电压定律（简称 KVL）

对于任何集总参数电路的任一回路，在任一时刻，沿该回路全部支路电压的代数和等于零。假设某一回路上的 n 条支路中第 k 条支路电压用 u_k 表示，则 KVL 可表示为：

$$\sum_{k=1}^{n} u_k = 0$$

在列写回路 KVL 方程时，应指定回路的绕行方向，参考方向与回路绕行方向相同的支路电压取正号，与绕行方向相反的支路电压取负号。

2. 实验说明

当实际电路较复杂时，很难直接判断电路各支路电压电路的真实方向，须先设定各电压和电流的参考方向或极性（一般可采用关联参考方向）。测量时，万用表的表笔探头必须按预先设定的参考方向接入电路，若显示数值为正，说明设定的参考方向与实际电路电流方向或电压的极性一致，否则就是相反的。

三、仪器设备

（1）电路分析实验箱；
（2）数字万用表。

四、预习要求

（1）阅读仪器仪表使用手册，进一步熟悉万用表测量电压电流的方法。
（2）计算图 2.2-1、图 2.2-2 和图 2.2-3 电路中各支路电压及电流理论值。
（3）根据计算的理论值，选择合适的测量量程，并计算由此产生的误差。
（4）实验中，均未考虑电压源的内阻，这样做是否合理？说明理由。

五、实验内容

1. 验证基尔霍夫定律

（1）根据图 2.2-1、图 2.2-2 和图 2.2-3 所示的实验电路原理图，在实验箱内组装相应电路。实验前先任意设定各支路的电流参考方向，可采用如图中所示方向。

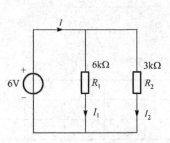
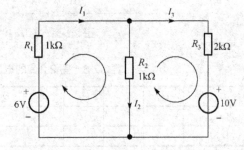

图 2.2-1　简单并联电路测量图　　　　图 2.2-2　混联电路测量图

（2）检查组装的电路无误后将直流稳压电源接入电路，调节直流稳压电源的电压值。
（3）用万用表的电流挡测量电路中的电流，将结果记录在表 2.2-1、表 2.2-2

和表 2.2-3 内。测量时注意，直流表应串联在各支路中（注意：直流毫安表的"+、－"极与电流的参考方向）。对于每个回路验证基尔霍夫电流定律。

（4）用数字万用表分别测量各电阻元件上的电压值，记录在表格内。对于电路中的每个节点验证基尔霍夫电压定律。

表 2.2-1　图 2.2-1 的电流测量表

被测量	I_1	I_2	I
理论值			
测量值			
绝对误差			
相对误差			

表 2.2-2　图 2.2-2 的电压、电流测量表

被测量	I_1 (mA)	I_2 (mA)	I_3 (mA)	U_{R1} (V)	U_{R2} (V)	U_{R3} (V)
计算量						
测量值						
相对误差						

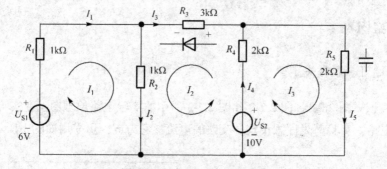

图 2.2-3　电压、电流测试图

表 2.2-3　图 2.2-3 的电压、电流测量表

	U_1	U_2	U_3	U_4	U_5	I_1	I_2	I_3	I_4	I_5
内容 1										
内容 2										

2. 基尔霍夫定律的适用性分析

将图 2.2-3 电路中的 R_3 换成二极管，R_5 换成 10μF 电容（实验箱中 C_1），此时电路是非线性的，重复上述实验步骤，将结果填入表格中，看是否满足基尔霍夫定律。

3．用 EWB 软件仿真上述实验内容，并进行数据比较。

六、实验注意事项

（1）在测量各支路电流和电压时，应预先设定好各支路的电压和支路电流的参考方向及参考极性。

（2）二极管符号，它是一种半导体元件，它的基本特征是单向导电。接电路时务必让其正向导通，即正极接高电位结点，负极接低电位结点。

（3）为减少测量中的系统误差，稳压电源输出电压以用数字万用表测量为准。

实验三　叠 加 原 理

一、实验目的

（1）验证叠加原理的内容，加深理解电路中的电流、电压的参考方向；

（2）学会正确使用电压表和电流表的测试方法；

（3）提高分析检查电路故障的能力。

二、实验原理及说明

叠加原理是反映线性电路基本性质的一个重要原理，利用这个原理可以简化电路的分析和计算，特别应当指出的是叠加原理只适用于线性电路，只能用来计算电流和电压，不能计算功率。

电路的参数不随外加电压及通过其中的电流而变化，即电压和电流成正比的电路，叫做线性电路。在线性电路中，每一元件上的电压或电流可看成是每一独立源单独作用在该元件上所产生的电压或电流的代数和。由此可以得出一个推理：即当独立电源增加或减小 K 倍时，由其在各元件上产生的电压或电流也增加或减小 K 倍，这就是线性电路的比例性。

叠加原理不仅适用于线性直流电路，也适用于线性交流电路。为了测量方便，我们用直流电路来验证它。叠加原理可简述如下：

在线性电路中，任一支路中的电流（或电压）等于电路中各个独立源分别单独作用时在该支电路中产生的电流（或电压）的代数和，所谓一个电源单独作用是指除了该电源外其他所有电源的作用都去掉，即理想电压源所在处用短路代替，理想电流源所在处用开路代替，如图 2.3-1 所示，但保留它们的内阻，电路结构也不做改变。

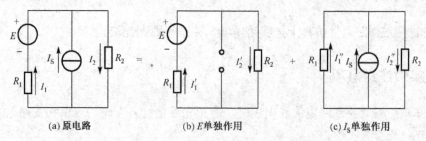

(a) 原电路　　　　　　(b) E单独作用　　　　　　(c) I_S单独作用

图 2.3-1　叠加原理测试原理图

由于功率是电压或电流的二次函数，因此叠加原理不能用来直接计算功率。例如在图 2.3-2 中，阐明叠加方法在功率计算中应注意的问题。

$$I_1 = I_1' - I_1''$$

$$I_2 = -I_2' + I_2''$$

$$I_3 = I_3' + I_3''$$

显然　　　　　　　　$$P_{R1} \neq (I_1')^2 R_1 + (I_1'')^2 R_1$$

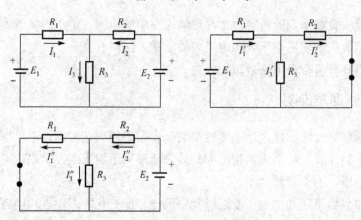

图 2.3-2　叠加方法求解电流

三、仪器设备

（1）电工实验箱；

（2）数字万用表。

四、预习要求

（1）掌握叠加原理，掌握叠加原理的使用前提和应用范围。

（2）按照实验内容测试电路参数并进行理论计算。

五、实验内容

（1）按图 2.3-3 连接电路，$R_4 + R_3$ 调到 1kΩ，接通实验箱电源，然后调试两组电源（带载调试），调节直流稳压电源 A 和直流稳压电源 B，使 $E_1 = 10V$，$E_2 = 6V$，测量 E_1、E_2 同时作用和分别单独作用时的支路电流 I_3、U_{R1}、U_{R2}、U_{R3}，并将数据记入表 2.3-1 中。

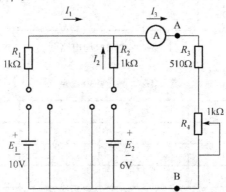

图 2.3-3 叠加原理验证实验电路

注意：一个电源单独作用时，另一个电源需从电路中取出，并将空出的两点用导线连起来。还要注意电流（或电压）的正、负极性。（注意：测量时，电压和电流的参考方向与图 2.3-3 中参考方向一致）

表 2.3-1 测量数据记录表

	实验值				理论值			
	I_3	U_{R1}	U_{R2}	U_{R3}	I_3	U_{R1}	U_{R2}	U_{R3}
E_1、E_1 同时作用								
E_1 单独作用								
E_2 单独作用								

（2）按图 2.3-4 接线，然后调试两组电源（带载调试）。

① 测量 E_1、E_2 共同作用时各电阻上的电压，数据记录于表 2.3-2 中；

② 测量 E_1 单独作用时，各电阻上的电压；

③ 测量 E_2 单独作用时，各电阻上的电压。

E_1、E_2 单独作用时，不用的电源接线从电源上拔下来短接，以免烧坏电源。接线时注意两组电源负极要连线。

（3）将图 2.3-4 中的 R_2 用二极管代替，接在电路中时，使其正向导通，重复步骤 2，研究网络中含有非线性元件时叠加原理是否适用。数据记录于表 2.3-2 中。

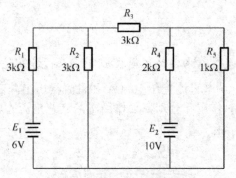

图 2.3-4　叠加原理电路图

表 2.3-2　测量数据记录表

	V_{R1}	V_{R2}	V_{R3}	V_{R4}	V_{R5}
$E_1 + E_2/\text{V}$					
E_1/V					
E_2/V					

（4）如图 2.3-4 中，任意调节 R_4 电阻值，任选一个回路，测定各元件上的电压。数据记录于表 2.3-3 中。

（5）用 EWB 软件仿真上述实验内容，并进行数据比较。

表 2.3-3　测量数据记录表

	V_{R1}	V_{R2}	V_{R3}	V_{R4}	V_{R5}
$E_1 + E_2/\text{V}$					
E_1/V					
E_2/V					

六、思考题

（1）在实验电路中，若一个电阻是二极管，线性电路的齐次性和叠加性是否还成立？说明理由。

（2）电阻所消耗的功率是否可以用叠加原理计算，根据理论数据进行计算并得出结论。

（3）如果电路中的电源大小变为原图中的两倍，各支路的电压和电流该如何变化？为什么？

实验四 简单电阻电路的仿真分析与设计

一、实验目的

(1) 熟悉 EWB 工作平台的操作环境；

(2) 练习利用 EWB 进行电路的创建；

(3) 会用电压表和电流表对所设计电路进行测量；

(4) 研究电压表、电流表内阻对电路测量的影响。

二、实验原理及说明

1. 分压电路

实验电路如图 2.4-1 所示。

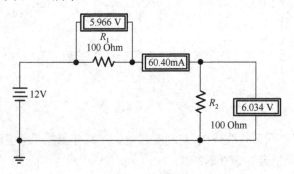

图 2.4-1 分压电路

(1) 理论上电压表的内阻为无限大，而电流表的内阻为零。理论课程学习中，电路分析都是在理想条件下进行的，但实际电表的内阻并不能达到理想状态，所以引起了在实验测量时的误差。在 EWB 中，我们可以方便地设定其中一个电压表内阻变化来观察电路测量结果的变化。将实验结果记录在表 2.4-1 中。

表 2.4-1 测量电表内阻对测量误差影响实验数据

测量值 ＼ 电压表内阻	1MΩ	1kΩ	100Ω	1Ω
V_{R1}				
V_{R2}				

（2）当两个电阻串联时，改变其中一个电阻的电阻值，观察分压结果（电压表内阻为理想值）。将实验结果记录在表 2.4-2 中。

表 2.4-2　分压电路测量数据

测量值 ＼ R_1 电阻值（Ω）	100	200	500
V_{R1}			
V_{R2}			

2. 分流电路

实验电路如图 2.4-2 所示。

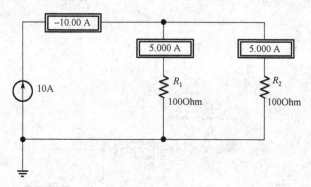

图 2.4-2　分流电路

当两个电阻并联时，改变电阻 R_1 的阻值，观察分流结果（电流表内阻为理想值）。将实验结果记录在表 2.4-3 中。

表 2.4-3　分流电路测量数据

测量值 ＼ R_1 电阻值（Ω）	100	200	500
I_{R1}			
I_{R2}			

三、仪器设备

EWB 仿真环境。

四、预习要求

（1）掌握分压电路、分流电路的原理及注意事项；

（2）按照实验内容完成相应的理论计算。

五、实验内容

（1）改变实验电路中元件的参数，并进行测试，写出测量结果；

（2）用电阻、直流电源、可调电阻设计一个简单的电阻分压电路，电源为 12V 直流电源，要求电路输出电压在 5～10V 之间连续可调。用电压表进行测量，写出测量结果，并与理论计算进行比较。

六、思考题

在实验步骤中的分流电流测量时，什么情况下干路上的电流显示值为负数？

实验五　戴维南定理与诺顿定理

一、实验目的

（1）加深对等效电源定理（戴维南定理与诺顿定理）的理解；

（2）学会几种测量等效电源参数的方法；

（3）掌握用实验方法证明定理的操作技能；

（4）学会合理运用电表测量数据，减小测量误差；

（5）学习实验电路的设计的方法。

二、实验原理及说明

1. 戴维南定理

含独立电源的线性单口网络 N，就端口特性而言，可以等效为一个理想电压源和电阻的串联单口网络，如图 2.5-1(a)所示。理想电压源的电压等于原单口网络在负载开路时的开路电压 u_{oc}，电阻 R_0（又称等效内阻）等于单口网络中所有独立源为零（理想电压源视为短路，理想电流源视为开路）时所得单口网络 N_0 的等效电阻，如图 2.5-1(b)所示。

u_{oc} 称为开路电压，R_0 称为戴维南等效电阻。其端口电压电流关系方程可表示为

$$u = R_0 i + u_{oc}$$

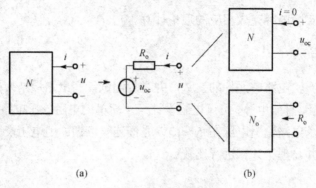

图 2.5-1　戴维南定理

2. 诺顿定理

任何一个线性有源单口网络，就端口特性而言，可以等效为一个理想电流源和电阻并联的单口网络，如图 2.5-2(a)所示。理想电流源的电流等于原单口网络在从外部短路时的短路电流 i_{sc}，其电阻（又称等效内阻）等于单口网络中所有独立源置零（理想电压源视为短路，理想电流源视为开路）时所得单口网络 N_o 的入端等效电阻 R_o，如图 2.5-2(b)所示。

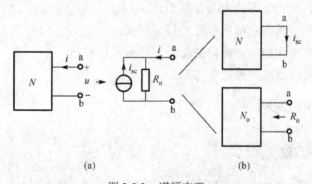

图 2.5-2　诺顿定理

i_{sc} 称为短路电流，R_o 称为诺顿电阻，其端口电压电流关系方程可表示为

$$i = \frac{u}{R_o} - i_{sc}$$

3. 有源单口网络等效参数的测定方法

等效电源定理是指任何一个线性含源二端网络，总可以用一个等效电压源或等效电流源表示，等效成电压源时其等效电动势等于该网络的开路电压，而内阻

等于该网络中的所有独立源为零（保留内阻）时的等效电路（戴维南定理）。等效成电流源时,恒流源的电流大小等于该网络的短路电流,内阻求法同上(诺顿定理)。

（1）测量开路电压 u_{oc}

如果电压表的内阻比被测单口网络的内阻大很多，电压表几乎不分流网络电流，可以直接用电压表或万用表的电压挡测量。

（2）短路电流 i_{sc} 的测量

如果电流表的内阻比被测单口网络的内阻小很多，其上的电压降可忽略不计，可直接用电流表或万用表的电流挡测量。

（3）测量等效电阻 R_o

对于抑制的线性有源单口网络，其输入端等效电阻 R_o 既可以从原网络计算得出，也可以通过实验手段测量出，下面介绍几种测量方法。

方法一：开路电压、短路电流法测 R_o

在线性有源单口网络输出端开路时，用电压表直接测量其输出端的开路电压，然后再将其输出端短路，用电流表测量其短路电流，则等效电阻为：

$$R_o = \frac{U_{oc}}{I_{sc}}$$

这种方法最简便，但如果单口网络的内阻很小，将其端口短路则易损坏其内部元件。

方法二：伏安法测 R_o

如图 2.5-3 所示，如果线性网络不允许 a、b 端开路或短路，可以测量该单口网络的外特性（可在 a、b 端既不开路也不短路的情况下测量两个不同外接负载 R_L 的电流值及电压值），则外特性曲线的延长线在纵坐标（电压坐标）上的截距就是 U_{oc}，在横坐标（电流坐标）上的截距就是 I_{sc}。而

$$R_o = R_{ab} = \frac{U_{oc}}{I_{sc}}$$

或者求出外特性曲线的斜率 $\tan\varphi$，则内阻为

$$R_o = R_{ab} = \tan\varphi = \frac{\Delta U}{\Delta I} = \frac{U_{oc}}{I_{sc}}$$

方法三：如图 2.5-4 所示，测出有源单口网络的开路电压 U_{oc} 后，在端口接一负载电阻 R_L，然后再测出负载电阻的端电压 U_{RL}，负载上的电阻 $U_{RL} = \frac{U_{oc}}{R_o + R_L} R_L$，则输入端等效电阻为：

$$R_o = \left(\frac{U_{oc}}{U_{RL}} - 1 \right) R_L$$

第三种方法克服了第一种和第二种方法的缺点和局限性，在实际测量中常被采用。

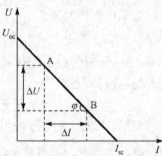

图 2.5-3   线性有源单口网络外特性曲线

方法四：将有源二端网络中的独立源都去掉，在 a、b 端外加一已知电压 U，测量一端口的总电流 $I_总$，则等效电阻 $R_{eq} = \dfrac{U}{I_总}$。

实际的电压源和电流源都具有一定的内阻，它并不能与电源本身分开，因此在去掉电源的同时，也把电源的内阻去掉了，无法将电源内阻保留下来，这将影响测量精度，因而这种方法只适用于电压源内阻较小和电流源内阻较大的情况。

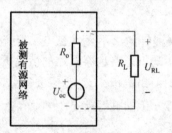

图 2.5-4   有源单口网络外接负载

三、仪器设备

（1）电工实验箱；
（2）数字万用表。

四、预习要求

（1）预习戴维南定理和诺顿定理和实验电路图 2.5-5。
（2）分析技术实验电路图 2.5-5 中戴维南定理参数，并填入表 2.5-1 中。

（3）预习实验操作过程，确定测量开路电压的测量方法。

（4）设计两种测量等效电阻 R_0 的实验电路图，写出测量操作步骤。

五、实验内容

1. 定理的验证

（1）按图 2.5-5 接线，经检查无误后，首先利用上面测得的开路电压 U_{oc} 和预习中计算出的 R_0 估算网络的短路电流 I_{sc} 大小，在 I_{sc} 之值不超过直流稳压电源电流的额定值和毫安表的最大量限的条件下，可直接测出短路电流，并将此短路电流 I_{sc} 数据记入表 2.5-1 中。

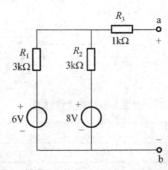

图 2.5-5　戴维南、诺顿定理的实验电路图

表 2.5-1　单口网络等效参数测量数据表

测量项目		理论数据	测量数据
U_{oc}			
I_{sc}			
开短路法	$R_{o(1)}$		
设计方法一	$R_{o(2)}$		
设计方法二	$R_{o(3)}$		

（2）按照自己设计的两种测量戴维南等效电阻 R_0 的实验测试图，分别接线测量，如果是间接测量，则将测量方法和测量数据记录在自己设计的表格中，再通过计算填入表 2.5-1 中。用万用表测量网络 a、b 端的端电压 U_R

2. 测定有源二端网络的外特性

将直流稳压电源的输出电压调节到等于实测的开路电压 U_{oc} 值，以此作为理想电压源，调节实验箱内电位器，使电阻大小等于 R_0，并保持不变，以此作为

等效内阻,将两者串联起来组成戴维南等效电路。按图 2.5-6 接线,经检查无误后,在不同负载的情况下,测量相应的负载端电压和流过负载的电流,共取五个点将数据记入自拟的表格中。测量时注意,若采用万用表进行测量,要特别注意换挡。

重复上述步骤测出负载电压和负载电流,并将数据记入表 2.5-2 中。

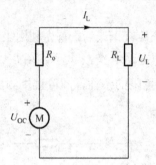

图 2.5-6　　测量单口网络外特性电路图

表 2.5-2　　测试数据表

R_o = _____ , U_{oc} =							
测量项目		单位	测量数据				
可调参数	R_L	kΩ	1.5	2	2.5	3	3.5
测量项目	U_L						
	I_L						

3. 用 EWB 软件仿真上述实验内容,并进行数据比较。

六、实验注意事项

(1)测量时应合理选择仪表及其量程。

(2)实验中,若出现独立电压源置零的情况,可用一根短路导线代替电压源置零,不可将提供的电压源短接。

(3)若用万用表直接测量 R_o、R_L 时,网络内的独立源必须置零,以免损坏万用表。

(4)自主设计实验时,应先估计及确定所设计电路等效参数的合理范围。

七、思考题

(1)两个线性有源单口网络等效的充要条件是什么?

（2）在求含独立源线性单口网络等效电路中的电阻时，如何理解"该网络中所有独立源置零"？在实验中怎样将独立源置零？

（3）测量有源单口网络等效电路电阻共有几种方法？

（4）若给定一线性有源单口网络，在不测量 U_{oc} 和 I_{sc} 的情况下，如何用实验方法求得该网络的等效参数？

实验六　运算放大器的受控源等效模型

一、实验目的

（1）理解、掌握受控源的外特性；

（2）了解运算放大器组成受控源的基本原理；

（3）测试 VCVS、VCCS 或 CCVS、CCCS，加深对受控源的受控特性的认识。

二、实验原理及说明

1. 受控源等效模型

根据控制量与受控量电压或电流的不同，受控源有四种：电压控制电压源（VCVS）、电压控制电流源（VCCS）、电流控制电压源（CCVS）和电流控制电压源（CCCS），如图 2.6-1 所示。

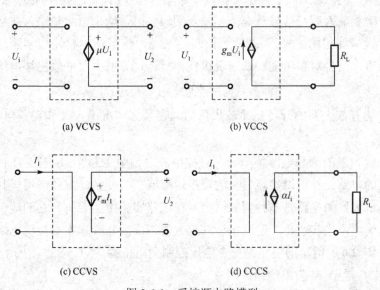

图 2.6-1　受控源电路模型

四种受控源的转移函数参量的定义如下：

① 电压控制电压源（VCVS）：$U_2 = f(U_1)$，$\mu = U_2 / U_1$ 称为转移电压比（或电压增益）。

② 电压控制电流源（VCCS）：$I_L = f(U_1)$，$g_m = I_L / U_1$ 称为转移电导。

③ 电流控制电压源（CCVS）：$U_2 = f(I_1)$，$r_m = U_2 / I_1$ 称为转移电阻。

④ 电流控制电压源（CCCS）：$I_L = f(I_1)$，$\alpha = I_L / I_1$ 称为转移电流比（或电流增益）。

2. 运放的受控源等效模型

运算放大器是一种有源三端元件，图 2.6-2(a)为运算放大器的电路符号。

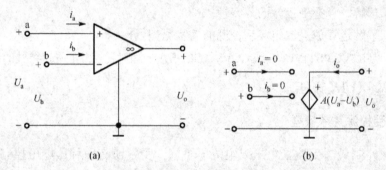

(a)　　　　　　　　　　　　　　(b)

图 2.6-2　运算放大器电路模型

它有两个输入端，一个输出端和一个对输入和输出信号的参考地线端。"+"端称为非倒相输入端，信号从非倒相输入端输入时，输出信号与输入信号对参考地线端来说极性相同。"−"端称为倒相输入端，信号从倒相输入端输入时，输出信号与输入信号对参考地线端来说极性相反。运算放大器的输出端电压

$$u_0 = A(u_b - u_a)$$

其中 A 是运算放大器的开环电压放大倍数。在理想情况下，A 和输入电阻 R_{in} 均为无穷大。

运算放大器的理想电路模型为一受控电源，如图 2.6-2(b)所示。在它的外部接入不同的电路元件可以实现信号的模拟运算或模拟变换，它的应用极其广泛。含有运算放大器的电路是一种有源网络，在电路实验中主要研究它的端口特性以了解其功能。本次实验将要研究由运算放大器组成的几种基本受控源电路。

（1）图 2.6-3 所示的电路是一个电压控制型电压源（VCVS）。由于运算放大器的"+"和"−"端为虚短路，则：

$$u_a = u_b = u_1$$

故
$$i_{R2} = \frac{u_b}{R_2} = \frac{u_1}{R_2}$$

又
$$i_{R1} = i_{R2}$$

所以
$$u_2 = i_{R1}R_1 + i_{R2}R_2 = i_{R2}(R_1 + R_2) = \frac{u_1}{R_2}(R_1 + R_2) = \left(1 + \frac{R_1}{R_2}\right)u_1$$

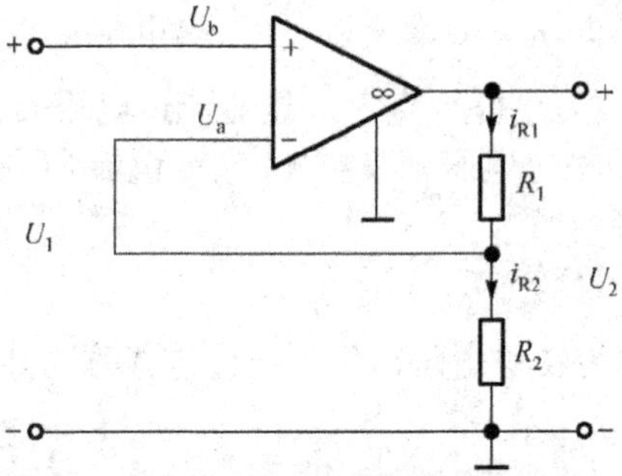

图 2.6-3　电压控制型电压源电路

即运算放大器的输出电压 u_2 受输入电压 u_1 的控制。其电压比 μ 为：

$$\mu = \frac{u_2}{u_1} = 1 + \frac{R_1}{R_2}$$

μ 无量纲，称为电压放大倍数。该电路是一个非倒相比例放大器，其输入和输出端有公共接地点。这种连接方式称为共地联接。

（2）将图 2.6-3 电路中的 R_1 看成一个负载电阻，这个电路就成为一个电压控制型电流源（VCCS），如图 2.6-4 所示，运算放大器的输出电流

$$i_s = i_R = \frac{u_a}{R} = \frac{u_1}{R}$$

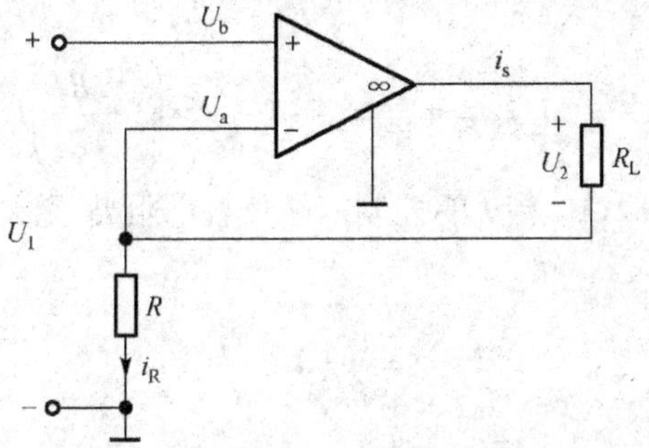

图 2.6-4　电压控制型电流源电路

即 i_s 只受运算放大器输入电压 u_1 的控制，与负载电阻 R_L 无关。其 g_m 比例系数为：

$$g_m = \frac{i_s}{u_1} = \frac{1}{R}$$

g_m 具有电导的量纲称为转移电导。输入、输出无公共接地点，这种连接方式称为浮地连接。

（3）一个简单的电流控制型电压源（CCVS）电路如图 2.6-5 所示。由于运算放大器的 "+" 端接地，即 $u_b = 0$，所以 "−" 端电压 u_a 也为零，在这种情况下，运算放大器的 "−" 端称为 "虚地点"，显然流过电阻 R 的电流即为网络输入端口电流 i_1，运算放大器的输出电压 $u_2 = -i_1 R$，它受电流 i_1 所控制。其比例系数 r_m 为：

$$r_m = \frac{u_2}{i_1} = -R$$

r_m 具有电阻的量纲，称为转移电阻，这种连接方式称为共地连接。

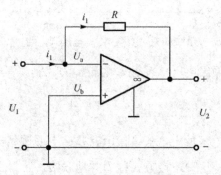

图 2.6-5　电流控制型电压源电路

（4）运算放大器还可构成一个电流控制电流源（CCCS），如图 2.6-6 所示，由于 $u_c = -i_{R_2} R_2 = -i_1 R_2$

因为
$$i_{R_3} = -\frac{u_c}{R_3} = i_1 \frac{R_2}{R_3}$$

所以
$$i_s = i_{R_2} + i_{R_3} = i_1 + i_1 \frac{R_2}{R_3} = \left(1 + \frac{R_2}{R_3}\right) i_1$$

即输出电流 i_S 受输入端口电流 i_1 的控制，与负载电阻 R_L 无关。它的理想电路电流比 α 为：

$$\alpha = \frac{i_S}{i_1} = 1 + \frac{R_2}{R_3}$$

α 无量纲称为电流放大系数。这个电路实际上起着电流放大的作用，连接方式称为浮地连接。

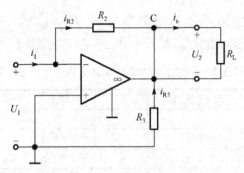

图 2.6-6　电流控制电流源电路

本次实验中，受控源全部采用直流电源激励（输入），对于交流电源激励和其他电源激励，实验结果完全相同。由于运算放大器的输出电流较小，因此测量电压时必须用高内阻电压表，如万用表等。

三、仪器设备

（1）电路分析实验箱；
（2）直流毫安表；
（3）数字万用表。

四、实验内容

1. 测试电压控制电压源和电压控制电流源特性

实验线路及参数如图 2.6-7 所示。

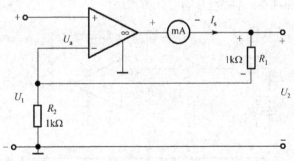

图 2.6-7　电压控制电压源和电压控制电流源实验电路

（1）电路接好后，先不给激励电源 U_1，将运算放大器 "+" 端对地短路，接通实验箱电源工作正常时，应有 $U_2 = 0$ 和 $I_S = 0$。

（2）接入激励电源U_1，取U_1分别为 0.5V、1V、1.5V、2V、2.5V（操作时每次都要注意测定一下），测量U_2及I_S值并逐一记入表 2.6-1 中。

表 2.6-1　受控源 VCVS 和 VCCS 实验数据记录表

给定值		U_1（V）	0	0.5	1	1.5	2	2.5
VCVS	测量值	U_2（V）						
	计算值	μ	/					
VCCS	测量值	I_S (mA)						
	计算值	g_m (s)	/					

（3）保持U_1为 1.5V，改变R_1（即R_L）的阻值，分别测量U_2及I_S值并逐一记入表 2.6-2 中。

（4）核算表 2.6-1 和表 2.6-2 中的各μ和g_m值，分析受控源特性。

表 2.6-2　受控源 VCVS 和 VCCS 实验数据记录表

给定值		R_1（kΩ）	1	2	3	4	5
VCVS	测量值	U_2（V）					
	计算值	μ					
VCCS	测量值	I_S (mA)					
	计算值	g_m (s)					

2．电流控制电压源特性

实验电路如图 2.6-8 所示，输入电流由电压源U_S与串联电阻R_i所提供。

（1）给定R为 1kΩ，U_S为 1.5V，改变R_i的阻值，分别测量I_1和U_2的值，并逐一记录于表 2.6-3 中，注意U_2的实际方向。

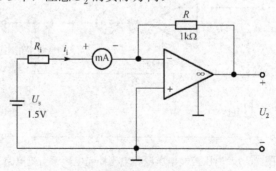

图 2.6-8　电流控制电压源特性测试图

（2）保持U_S为 1.5V，改变R_i为 1kΩ的阻值，分别测量I_1和U_2的值，并逐一记录于表 2.6-4 中。

表 2.6-3   实验数据记录表

给定值	R_i (kΩ)	1	2	3	4	5
测量值	I_1 (mA)					
	U_2 (V)					
计算值	r_m (Ω)					

表 2.6-4   实验数据记录表

给定值	R (kΩ)	1	2	3	4	5
测量值	I_1 (mA)					
	U_2 (V)					
计算值	r_m (Ω)					

（3）核算表 2.6-3 和表 2.6-4 中的各 r_m 值，分析受控源特性。

3. 测试电流控制电流源特性

实验电路及参数如图 2.6-9 所示。

（1）给定 U_S 为 1.5V，R_i 为 3kΩ，R_2 和 R_3 为 1kΩ，负载分别取 0.5kΩ、2kΩ、3kΩ，逐一测量并记录 I_1 及 I_2 的数值。

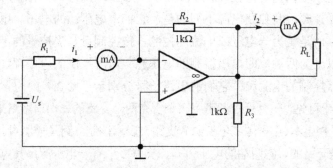

图 2.6-9   电流控制电流源特性测试图

（2）保持 U_S 为 1.5V，R_L 为 1kΩ，R_2 和 R_3 为 1kΩ 分别取 R_i 为 3kΩ、2.5kΩ、2kΩ、1.5kΩ、1kΩ，逐一测量并记录 I_1 及 I_2 的数值。

（3）保持 U_S 为 1.5V，R_L 为 1kΩ、R_i 为 3kΩ，分别取 R_2（或 R_3）为 1kΩ、2kΩ、3kΩ、4kΩ、5kΩ，逐一测量并记录 I_1 及 I_2 的数值。以上各实验记录表格模仿前边的自拟。

（4）核算各种电路参数下的 α 值，分析受控源特性。

4. 用 EWB 软件仿真上述实验内容，并进行数据比较。

五、实验注意事项

（1）实验电路确认无误后，方可接通电源，每次在运算放大器外部换接电路元件时，必须先断开电源。

（2）实验中，受控源的运算放大器输出端不能与地端短接。

（3）做电流源实验时，不要使电流源负载开路。

实验七　含有受控源的电路研究

一、实验目的

（1）熟悉受控源的特性；

（2）通过理论分析和实验验证掌握含有受控源的线性电路的分析方法。

二、实验原理及说明

在分析电子电路时将广泛地遇到非独立电源（电压源或电流源），这类电源有时也称为受控源。和独立电源不同的是，它们中电压源的电压、电流源的电流不是独立的，而是受另一电压或电流的控制。按控制量与受控量的不同，非独立电源一般可以分为四种，即电压控制的电压源、电流控制的电压源、电压控制的电流源和电流控制的电流源。它们的电路符号分别示于图 2.7-1 中。

由图 2.7-1 可见，一个受控源可用一个含有两个支路的二端口网络来表示，其中支路 2 表示受控电源（电压源或电流源），支路 1 表示控制支路及控制量。在图 2.7-1(a) 中，支路 1 是开路的，它两端的电压为 u_1，支路 2 中有一电压源，其电压 $u_2 = \mu u_1$，即受控于电压 u_1，因此是一个电压控制的电压源。在图 2.7-1(b) 中，支路 1 是短路的，流经其中的电流为 i_1，而支路 2 中的电压源，其电压 $u_2 = r_m i_1$，即受控于电流 i_1，因此是一个电流控制的电压源。与此类似，图 2.7-1(c) 和图 2.7-1(d) 分别是电压控制的电流源和电流控制的电流源，表示其特性的方程分别是 $i_2 = g_m u_1$ 和 $i_2 = \beta i_1$。

如果在表示受控源的控制量与受控量的关系式中，比例系数 μ、r_m、g_m、β 是常数，这样的受控源便是线性元件。由线性电阻 R、电感 L、电容 C 以及线性受控源组成的电路仍是线性电路。分析含有线性受控源的电路，可以先将受控源当做独立电源，写出电路的方程式，再将受控源的特性方程代入，用控制支路的电压（电流）表示受控源的电压（电流），由此得出的方程便可解出电路中的各未知电流、电压。

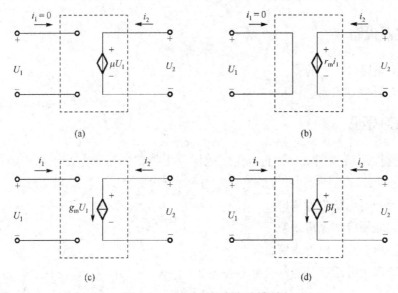

图 2.7-1　四种受控源电路模型

对含有受控源的线性电路，叠加原理、戴维南定理也都是适用的。

在本实验中将通过对一个含有电压控制的电压源的线性电路的研究，掌握分析这类电路的方法。

本实验所用电压控制电压源是一个用运算放大器接成的比例器，如图 2.7-2 所示，在理想情况下（A→∞），它的输入电压 u_1 与输出电压 u_2 有以下关系：

$$u_2 = -\frac{R_2}{R_1}u_1$$

如果 R_1 足够大，就可以将它看做图 2.7-1(a)的电压控制的电压源，$\mu = -\dfrac{R_2}{R_1}$。

应当注意，对于实际的运算放大器，u_2 的大小是有限制的，只有不超过规定的范围，上面的关系式才成立。

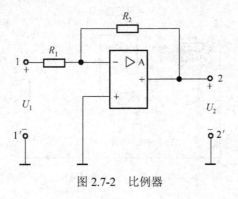

图 2.7-2　比例器

三、仪器设备

（1）电路分析实验箱；

（2）数字万用表。

四、预习要求

将受控源接入图 2.7-3 的电路，应用以下指定的三个方法求出电路中的电压 u_{bc}。

（1）列写电路方程求解；

（2）应用叠加原理求解；

（3）用戴维南定理求解。

将用以上方法解得的结果列写在表 2.7-1 中。

表 2.7-1　实验电路数据记录表

求解方法	求解结果	
列写电路方程	$u_{bc} =$	
叠加原理	E_1 作用，$E_2 = 0$	$u'_{bc} =$
	$E_1 = 0$，E_2 作用时	$u''_{bc} =$
	E_1、E_2 共同作用时	$u_{bc} = u'_{bc} + u''_{bc} =$
戴维南定理	等效电势　$E_o =$	
	等效内阻　$R_o =$	
	$u_{bc} =$	

预习时 μ 按 $\mu = -R_2/R_1 = -2$ 计算。

接线图 2.7-3 的等效电路如图 2.7-4 所示。预习按此图计算 u_{bc}。

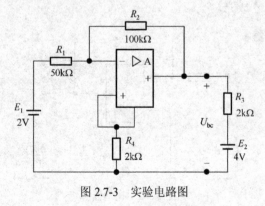

图 2.7-3　实验电路图

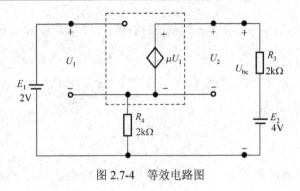

图 2.7-4　等效电路图

五、实验内容

（1）测定所用受控源的特性，即确定其比例系数及适用电压范围。测定线路如图 2.7-3 所示，其中 $R_1 = 50\text{k}\Omega$，$R_2 = 100\text{k}\Omega$，要求在不同的 u_1 情况下测量 u_2。$\mu = -R_2 / R_1$ 应为一常数，但因测量所用电表有一定误差，所以实验所得 μ 有一定差异。在本实验条件下，如差异超过 2% 就认为这个非独立源已经超出了线性范围。比例系数应取线性范围内的平均值。

实验记录表格由同学自己拟定。

（2）实验验证：按图 2.7-3 接成实验线路，测量上表中各数值，将结果列表加以比较。实验时电路参数取下列值：

$$E_1 = 2\text{V}, \ E_2 = 4\text{V}, \ R_3 = 2\text{k}\Omega$$

应用戴维南定理时，需要测出等效内阻 R_o，测量 R_o 的方法可用加压求流或测出开路电压和短路电流然后计算。实验中这两种方法容易造成受控源过载以及超出线性范围，本实验可以在开路端 b、c 处加一适当负载 R_L，并测得这时的出口电压 U_L。从等效电路图 2.7-5 看，有

$$U_\text{L} = E_\text{o} \frac{R_\text{L}}{R_\text{o} - R_\text{L}} \quad \therefore \quad R_\text{o} = R_\text{L} \frac{E_\text{o} - U_\text{L}}{U_\text{L}}$$

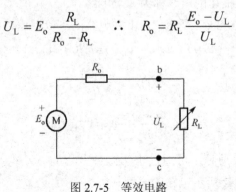

图 2.7-5　等效电路

当改变 R_L 使 $U_L = \frac{1}{2}E_o$ 时，此时的 R_L 值即等于等效电阻 R_o，而此时电压表的读数为端口开路电压的一半。这个方法还有一个好处，即测量用同一个电压表，由电压表带来的误差，计算时可以在很大程度上互相抵消。R_L 大小要选合适，使 $E_o - U_L$ 的差值不要太小。

六、思考题

如果仔细观察，测量 b、c 端开路电压（戴维南定理中的 E_o）时，所得结果总比计算值略小，为什么？

实验八　动态电路的分析与设计

一、实验目的

（1）掌握 EWB 中波形发生器和示波器的使用方法；
（2）掌握 EWB 的瞬态分析方法；
（3）利用 EWB 分析动态电路的零输入响应、零状态响应和全响应。

二、实验原理及说明

（1）含有储能元件的动态电路中的电压电流仍然受到 KCL、KVL 的拓扑约束和元件特性 VCR 的约束。一般来说，根据 KCL、KVL 和 VCR 写出的电路方程是一组微分方程。

由一阶微分方程描述的电路称为一阶电路。

由二阶微分方程描述的电路称为二阶电路。

对于图 2.8-1 和图 2.8-2 所示 RC 串联电路，可以写出以下方程：

$$u_S(t) = u_R(t) + u_C(t) = Ri(t) + u_C(t)$$

$$i(t) = C\frac{\mathrm{d}u_C(t)}{\mathrm{d}t}$$

$$RC\frac{\mathrm{d}u_C(t)}{\mathrm{d}t} + u_C(t) = u_S(t)$$

当电源为直流激励时，可通过求解微分方程的方法得到电容电压的输出波形。图 2.8-1 及图 2.8-2 所示电路的时间常数为

$$\tau = RC$$

当电路的时间常数发生改变时，电路的响应过程会随之发生变化。

实验电路如图 2.8-1 和图 2.8-2 所示。

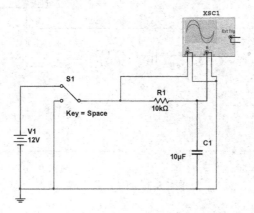

图 2.8-1　直流激励下的一阶 RC 电路

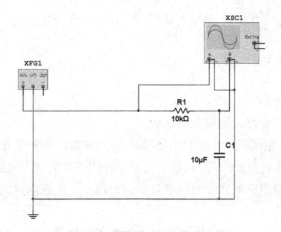

图 2.8-2　任意激励下的一阶 RC 电路

（2）实验电路如图 2.8-3 所示，可根据电路的两类约束关系建立如下方程：

$$u_R(t) + u_L(t) + u_C(t) = u_s(t)$$

$$i(t) = i_L(t) = i_C(t) = C\frac{du_c}{dt}$$

$$u_R(t) = Ri(t) = RC\frac{du_c}{dt} \qquad u_L(t) = L\frac{di}{dt} = LC\frac{d^2u_c}{dt^2}$$

整理可得：

$$LC\frac{d^2u_C}{dt^2} + RC\frac{du_C}{dt} + u_C = u_S(t)$$

通过求解该二阶微分方程可分析电路的输出。

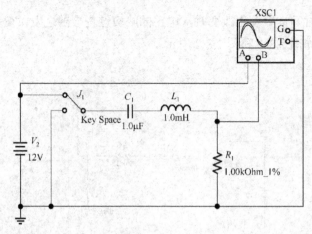

图 2.8-3　RLC 二阶电路

当电路中的电阻参数与电感与电容关系不同时，电路的响应不同。

$R > 2\sqrt{\dfrac{L}{C}}$，$R < 2\sqrt{\dfrac{L}{C}}$，$R = 2\sqrt{\dfrac{L}{C}}$，$R = 0$ 分别称为过阻尼、欠阻尼、临界阻尼、无阻尼情况。

三、实验内容

（1）按图接好电路，观察电路输出。

（2）图 2.8-1 电路中，当电容电压输出为 12V 时，将开关打向 2 位置，观察经过多长时间电容电压降为零，记录实验结果并比较该时间与电路时间常数关系。

（3）改变实验电路参数（时间常数）进行测试，观察电路输出，对结果进行记录、总结和讨论。

（4）设计一阶动态电路，电路输入为周期矩形信号，讨论矩形信号时间参数（周期不同，脉冲宽度不同）与电路参数（时间常数）关系对电路输出影响，给出电路对应各输出波形，对实验结果进行观察，给出结论和分析讨论。

（5）改变电路图 2.8-3 中电阻 R_1 数值，使其分别满足过阻尼、欠阻尼、临界阻尼、无阻尼条件，观察并记录电路响应波形。

实验九　简单正弦交流电路的研究

一、实验目的

（1）用伏安法测定电阻、电感、电容的交流阻抗及其 R、L、C 之值；

（2）研究 R、L、C 元件阻抗随频率变化的关系；

（3）研究正弦交流电路中电压、电流的大小与相位的关系；

（4）学会三压法测量及计算相位差角；

（5）学习取样电阻法测量交流电流的方法。

二、实验原理及说明

常见的三种二端元件电路如图 2.9-1 所示。

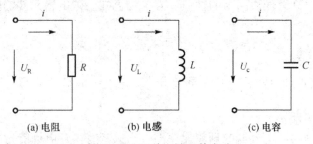

(a) 电阻　　　　　　　　(b) 电感　　　　　　　　(c) 电容

图 2.9-1　三种二端元件电路

1. 理想的线性电阻、电感和电容元件的 VCR 关系

（1）电阻元件

在任何时刻电阻两端的电压与通过它的电流都服从欧姆定律。即

$$u_R = Ri$$

式中 $R = u_R / i$ 是一个常数，称为线性非时变电阻，其大小与 u_R、i 的大小及方向无关，具有双向性。它的伏安特性是一条通过原点的直线。在正弦电路中，电阻元件的伏安关系可表示为：

$$\dot{U}_R = R\dot{I}$$

式中 $R = \dfrac{U_R}{I}$ 为常数，与频率无关，只要测量出电阻端电压和其中的电流便可计算出电阻的阻值。电阻元件的一个重要特征是电流 $\dot{I}$ 与电压 $\dot{U}_R$ 同相。

（2）电感元件

电感元件是实际电感器的理想化模型，它只具有储存磁场能量的功能。它是磁链与电流相约束的二端元件，即：

$$\psi_L(t) = Li$$

式中 L 表示电感，对于线性非时变电感，L 是一个常数。电感电压在图示关联参考方向下为：

$$u_{\mathrm{L}} = L\frac{\mathrm{d}i}{\mathrm{d}t}$$

在正弦电路中：　　　　　　　　$\dot{U}_{\mathrm{L}} = \mathrm{j}X_{\mathrm{L}}\dot{I}$

式中 $X_{\mathrm{L}} = \omega L = 2\pi fL$ 称为感抗，其值可由电感电压、电流有效值之比求得。即 $X_{\mathrm{L}} = \dfrac{U_{\mathrm{L}}}{I}$。当 L 为常数时，X_{L} 与频率 f 成正比，f 越大，X_{L} 越大；f 越小，X_{L} 越小，电感元件具有低通高阻的性质。若 f 为已知，则电感元件的电感为：

$$L = \frac{X_{\mathrm{L}}}{2\pi f}$$

理想电感的特征是电流 I 滞后于电压 $\dfrac{\pi}{2}$。

（3）电容元件

电容元件是实际电容器的理想化模型，它只具有储存电场能量的功能，它是电荷与电压相约束的元件。即：

$$q(t) = Cu_{\mathrm{c}}$$

式中 C 表示电容，对于线性非时变电容，C 是一个常数。电容电流在关联参考方向下为：

$$i = C\frac{\mathrm{d}u_{\mathrm{c}}}{\mathrm{d}t}$$

在正弦电路中　　　　　　　$\dot{I} = \dfrac{\dot{U}_{\mathrm{c}}}{-\mathrm{j}X_{\mathrm{c}}}$ 或 $\dot{U}_{\mathrm{c}} = -\mathrm{j}X_{\mathrm{c}}\dot{I}$

式中，$X_{\mathrm{c}} = \dfrac{1}{\omega C} = \dfrac{1}{2\pi fC}$ 称为容抗，其值为 $X_{\mathrm{c}} = \dfrac{U_{\mathrm{c}}}{I}$，可由实验测出。当 C 为常数时，X_{c} 与 f 成反比，f 越大，X_{c} 越小，$f = \infty$，$X_{\mathrm{c}} = 0$ 电容元件具有高通低阻和隔断直流的作用。当 f 为已知时，电容元件的电容为：

$$C = \frac{1}{2\pi fX_{\mathrm{c}}}$$

电容元件的特点是电流 I 的相位超前于电压 $\dfrac{\pi}{2}$。

2. 三压法测 ϕ 原理

任意阻抗 Z 和 R 串联图如图 2.9-2(a)所示，其向量如图 2.9-2(b)所示。利用余

弦定律可以计算串联后总阻抗角为 ϕ :

$$\cos\phi = \frac{U^2 + U_R^2 - U_z^2}{2UU_R}$$

$\cos\phi$ 也称为功率因数，可见，只要测出 U 、 U_R 、 U_z 三电压，就可求出 ϕ 。

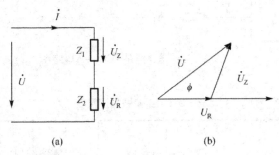

(a)   (b)

图 2.9-2　R、Z 串联电路及其相量图

三、仪器设备

（1）电路分析实验箱；

（2）函数信号发生器；

（3）交流毫伏表；

（4）万用表。

四、预习要求

（1）复习正弦交流电路中简单二端元件及简单串联二端网络的伏安特性，熟悉掌握阻抗三角形、电压三角形，并应用相量图分析各物理量之间的关系，熟记有关计算公式。

（2）了解实验设备、仪表型号及使用方法，计算图 2.9-2、图 2.9-4 电路中各理论值。

五、实验内容

（1）测定电阻、电感和电容元件的交流阻抗及其参数

按图 2.9-3 接线确认无误后，将信号发生器的频率调节到 1kHz，并保持不变，分别接通 R、L、C 元件的支路。改变信号发生器的电压（每一次都要用毫伏表进行测量），使之分别等于表 2.9-1 中的数值，再用取样电阻法，取样电阻 $r = 10\Omega$，测出相应的电流值，并将数据记录于表 2.9-1 中。（注意：电感 L 本身还有一个电阻值。）

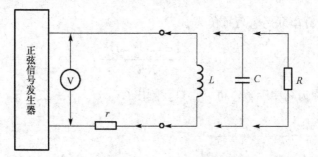

图 2.9-3　交流电路元件参数测量电路图

表 2.9-1　实验数据测量表

被测元件	元件电流 → 信号输出电压	U（V）	0	2	4	6	8	10
$R = 1\text{k}\Omega$	I_R							
$L = 0.2\text{H}$	I_L							
$C = 2\mu\text{F}$	I_C							

（2）以测得的电压为横坐标，电流为纵坐标，分别作出电阻、电感和电容元件的有效值的伏安特性曲线（均为直线），如图 2.9-4 所示。在直线上任取一点 A，过 A 点作横轴的垂线，交于 B 点，则 OB 代表电压，AB 代表电流。

$$R = \frac{U_R}{I} = \frac{OB}{AB}$$

同理：

$$X_L = \frac{U_L}{I} = \frac{OB}{AB}$$

$$X_c = \frac{U_c}{I} = \frac{OB}{AB}$$

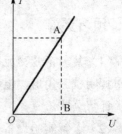

图 2.9-4　元件 VCR 关系

再计算出 L 和 C（此项可留到实验报告中完成）。

（3）研究阻抗串联电路中，在正弦信号作用下，电压、电流大小与相位的关系，阻抗随频率变化的关系。

按图 2.9-5 接线，元件参数如下：$L = 200\text{mH}$，$C = 0.2\mu\text{F}$，$R = 1\text{k}\Omega$。测量 R、L、C 上的电压记录于表 2.9-2 中，并进行计算，其中 $U_s = 1\text{V}$，$I = U_R / R$。注意，每次改变频率后，都必须重新标定 $U_s = 1\text{V}$。

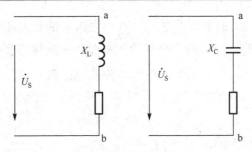

图 2.9-5　阻抗串联电路

表 2.9-2　阻抗串联电路测试数据表

U_s/V	f / kHz	R–L 串联			计算		R–C 串联			计算	
		测量		计算	$\lvert Z \rvert$	$\cos\phi$	测量		计算	$\lvert Z \rvert$	$\cos\phi$
		U_R	U_L	$I=\dfrac{U_R}{R}$			U_R	U_C	$I=\dfrac{U_R}{R}$		
	0.5										
1	0.8										
	1.4										

（4）用 EWB 软件仿真上述实验内容，并进行数据比较。

六、思考题

（1）当 $X_L = X_C = R$ 时，流过 R、L、C 元件的电流相同吗？

（2）仅是 R、L 并联时其电流大小是否小于 R、L、C 并联时的电流？

（3）LC 并联时的电流一定大于仅接 C 时的电流吗？

（4）以上三点根据测量数据画出向量加以说明。

实验十　RC 选频网络特性测试

一、实验目的

（1）熟悉常用文桥 RC 选频网络的结构特点和应用；

（2）研究文桥电路的传输函数、幅频特性与相频特性；

（3）学习网络频率特性的测试方法。

二、实验原理及说明

RC 文桥电路结构如图 2.10-1 所示。由于电桥采用了两个电抗元件 C_1 和 C_2，因此，当输入电压 u_1 的频率改变时，输出电压 u_2 的幅度和相对于 u_1 的相位也随之改变。u_2 与 u_1 的比值的模与相位随频率变化的规律称文桥电路的幅频特性与相频特性。本实验只研究幅频特性的实验测试方法。首先求出文桥电路的传输函数

$$u_2 / u_1 = f(\omega)$$

式中，ω 为输入信号角频率。设 $R_1 = R_2 = R$，$C_1 = C_2 = C$，则得

$$Z_1 = R + 1/\mathrm{j}\omega C，\qquad Z_2 = R/(1 + \mathrm{j}\omega CR)$$

根据分压比写出 u_1 与 u_2 之比，得

$$f(\omega) = \frac{Z_2}{Z_1 + Z_2} = \frac{R/(1 + \mathrm{j}\omega CR)}{R + 1/\mathrm{j}\omega CR + R/(1 + \mathrm{j}\omega CR)}$$

令 $\omega_0 = \dfrac{1}{RC}$，代入得

$$f(\omega) = \frac{1}{3 + \mathrm{j}(\omega/\omega_0 - \omega_0/\omega)}$$

当 $\omega = \omega_0$ 时，即 $f_0 = \dfrac{1}{2\pi RC}$，则得 $f(\omega) = \dfrac{1}{3}$。

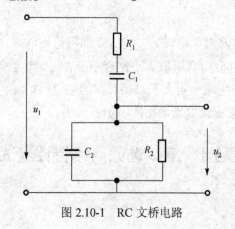

图 2.10-1　RC 文桥电路

三、仪器设备

（1）电工实验箱；

（2）数字万用表；

（3）示波器；

（4）函数信号发生器。

四、实验内容

（1）选 $C_1 = C_2 = C = 2\mu F$，$R_1 = R_2 = R = 500\Omega$。

（2）按图 2.10-1 接线，计算 f_0，并绘出图 2.10-2 所示 RC 选频网络的特性曲线。

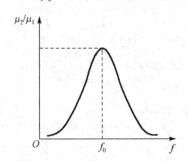

图 2.10-2　RC 选频网络特性曲线

（3）输入端加入 1V 变频电源电压。

（4）改变频率值并把所测数据填入表 2.10-1 中。

表 2.10-1　RC 选频网络数据记录表

f / Hz				f_0			
u_2							
u_1							
u_2 / u_1							

（5）用 EWB 软件仿真上述实验内容，并进行数据比较。

五、实验注意事项

（1）考虑函数发生器内阻的影响，在每次调节其输出频率时，均应同时监测及调节其输出幅度，使其输出电压保持不变。

（2）选择测试频率点时，要根据特性曲线的变化趋势合理选择。最好一边记录，一边画图，一旦发现测试结果存在不足，可及时增加测试点。

六、思考题

（1）当电路元件参数 R_1C_1 与 R_2C_2 不同时，电路是否还具有选频性质？

（2）如何进行电路相频特性的测试？自己设计实验过程，完成电路相频特性测试，并与 EWB 仿真结果进行对比。

实验十一　无源滤波器

一、实验目的

（1）掌握一阶 RC 电路频率特性；

（2）了解波特图的概念及画法；

（3）掌握 RC 滤波特性及其测试方法。

二、实验原理及说明

1. 低通滤波电路

通常滤波器大多是一个二端口网络。在某一段频率范围内，输入电压 U_i 可以通过这个网络，在输出电压 U_o 中显现出来。对于一个理想的滤波器来讲，在这一段频率内，$U_o \approx U_i$；在其他频率下，输入电压被网络衰减，输出电压 U_o 很小，在理想情况下，$U_o \approx 0$。

（1）图 2.11-1 的电路是一阶低通滤波器，它的幅频特性是：

$$h = \left| \frac{\dot{U}_o}{\dot{U}_i} \right| = \left| \frac{1}{1 + j\omega RC} \right| = \frac{1}{\sqrt{1 + (f/f_o)^2}} \tag{2.11-1}$$

其中，$f_o = \dfrac{1}{2\pi RC}$。

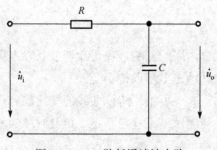

图 2.11-1　一阶低通滤波电路

由于 f 的变化范围很大，作图不方便，工程上常取它的对数来研究。例如当 f 变化 1000 倍时，$\lg f$ 的变化仅为 3。按工程习惯，令

$$H = 20\lg h$$

H 的单位为分贝，写作 dB。H 的 dB 值与 h 的关系如表 2.11-1 所示。

表 2.11-1　H 的 dB 值与 h 的关系

h	1	$\frac{1}{2}$	$\frac{1}{10}$	$\frac{1}{100}$	$\frac{1}{1000}$
H(dB)	0	−6	−20	−40	−60
	$U_o = U_i$	$U_o = \frac{1}{2}U_i$	$U_o = \frac{1}{10}U_i$	$U_o = \frac{1}{100}U_i$	$U_o = \frac{1}{1000}U_i$

低通滤波器的对数幅频特性是

$$H = 20\lg h = 20\lg \frac{1}{\sqrt{1 + \left(\dfrac{f}{f_o}\right)^2}} \qquad (2.11\text{-}2)$$

（2）在半对数坐标纸上，用 H 作纵坐标，用 f/f_o 作横坐标，画出式（2.11-2）的图形如图 2.11-2 所示。由曲线可见这个滤波器只允许较低频率的电压通过，是一个最简单的低通滤波器。

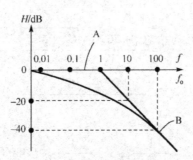

图 2.11-2　低通滤波器的幅频特性

这个图形有一个近似的画法：作水平线 A，到 $f=f_o$（即 $f/f_o = 1$）时，作直线 B，它的斜率为−20dB/十倍频（即 f 每增加 10 倍时，B 线的下降为 20dB）。这样作图的理由，可从式（2.11-2）看出：

① 当 $f < f_o$ 时，$H \approx 20\lg 1 = 0$，即水平线。

② 当 $f > f_o$ 时，$H \approx 20\lg \dfrac{1}{\sqrt{(f/f_o)^2}} = -20\lg x$（其中 $x = f/f_o$），由此可作出

直线 B，它的斜率为−20/十倍频，而且通过 $H = 0$，$\dfrac{f}{f_o} = 1$ 的一点。

③ 直线 B 与横轴相交点的频率是 f_o，它是折线拐角处的频率，所以 f_o 称为拐角频率。

④ 为了改善滤波特性，可用二阶 R-C 网络构成如图 2.11-3 所示的电路。在实验中选用两个相同的 R，以便于计算。

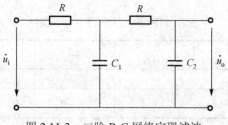

图 2.11-3 二阶 R-C 网络实现滤波

这个电路的幅频特性是

$$h = \left| \frac{1}{1 + j\omega RC_1 + j2\omega RC_2 + j^2 \omega^2 R^2 C_1 C_2} \right| \qquad (2.11\text{-}3)$$

经过推导可得

$$h = \left| \frac{1}{(1 + j\omega RC')(1 + j\omega RC'')} \right|$$

其中

$$C' = \frac{C_1 + 2C_2 + \sqrt{C_1^2 + 4C_2^2}}{2}$$

$$C'' = \frac{C_1 + 2C_2 - \sqrt{C_1^2 + 4C_2^2}}{2}$$

令

$$f' = \frac{1}{2\pi RC'}, \quad f'' = \frac{1}{2\pi RC''}, \quad f' < f''$$

则

$$h = \left| \frac{1}{\left(1 + j\dfrac{f}{f'}\right)\left(1 + j\dfrac{f}{f''}\right)} \right|$$

对数幅频特性为：

$$H = 20\lg h = -20\lg \sqrt{\left[1 + \left(\frac{f}{f'}\right)^2\right]\left[1 + \left(\frac{f}{f''}\right)^2\right]}$$

$$= -20\lg \sqrt{1 + \left(\frac{f}{f'}\right)^2} - 20\lg \sqrt{1 + \left(\frac{f}{f''}\right)^2} = H_1 + H_2 \qquad (2.11\text{-}4)$$

用前面的折线分析方法，很容易画出式（2.11-4）的幅频特性。先分别近似画出代表 H_1、H_2 的两组折线，再将它们相加，即得到近似代表 H 的三段折线，其中 f'、f'' 为拐角频率，如图 2.11-4 所示，实际特性也画在图中。

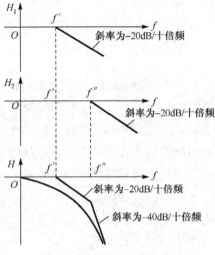

图 2.11-4　f'、f'' 为拐角频率

这个滤波器的特性在高频部分显然有所改善，因为特性的斜率为–40dB/十倍频，即频率每增加十倍时，衰减不是 20dB，而是 40dB 了。

2. 高通滤波电路

图 2.11-5 所示为一阶无源高通滤波器，该滤波器的幅频特性为：

$$h = \left| \frac{\dot{U}_\text{o}}{\dot{U}_\text{i}} \right| = \left| \frac{\text{j}\omega RC}{1 + \text{j}\omega RC} \right| = \frac{f/f_\text{o}}{\sqrt{1 + (f/f_\text{o})^2}} \tag{2.11-5}$$

同样可得到该高通滤波器的对数幅频特性函数：

$$H = 20\lg h = 20\lg \frac{f/f_\text{o}}{\sqrt{1 + (f/f_\text{o})^2}} \tag{2.11-6}$$

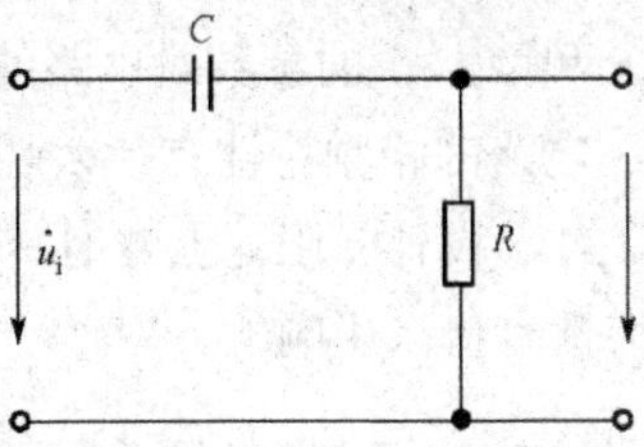

图 2.11-5　一阶高通滤波器

三、仪器设备

（1）功率信号发生器；

（2）交流毫伏表；

（3）电路分析实验箱。

四、预习要求

（1）已知图 2.11-3 所示无源低通滤波器电路的参数是：$R = 10\mathrm{k\Omega}$，$C_1 = 0.15\mathrm{\mu F}$，$C_2 = 0.075\mathrm{\mu F}$，计算拐角频率 f' 及 f''；并在半对数坐标纸上，以 f/f_1 为横坐标，H 为纵坐标（见图 2.11-4）画出此滤波器的折线特性。画图时，取 $f_1 = 150\mathrm{Hz}$，以便于与有源低通滤波器的特性相比较。以后该滤波器的实验结果也画在这张图上。

（2）拟出测量以上电路的对数幅频特性的记录表格。给定 $f/f_1 = 0.02$，0.05，0.1，0.2，0.5，1.0，2.0，5.0，10.0，20.0。

（3）根据图 2.11-3 电路频率特性参数，如果图 2.11-1 电路具有与图 2.11-3 近似频率特性，设计图 2.11-1 电路的元件参数。

五、实验内容

（1）测量图 2.11-3 电路的对数幅频特性，各电路的参数见预习任务。

（2）图 2.11-5 电路中的元件参数取预习要求（1）中所设计的对应图 2.11-1 电路中的元件参数，测量此条件下图 2.11-5 电路的对数幅频特性。

（3）利用 RC 电路设计中心频率为 1000Hz，频带宽度为 500Hz 的带通滤波器并进行仿真测试。自己设计数据记录表格并记录测试结果。

（4）利用 RC 电路设计中心频率为 50Hz，阻带宽度为 20Hz 的带阻滤波器并进行仿真测试。自己设计数据记录表格并记录测试结果。

六、思考题

（1）在 RC 低通滤波电路中，增大 R 或增大 C 的参数数值都可以减小滤波器幅频特性的通频带宽，增大 R 和增大 C 的参数对电路的其他特性有什么影响？

（2）图 2.11-1 与图 2.11-3 电路的相频特性有什么区别？为什么？

（3）利用图 2.11-1 和图 2.11-5 设计带阻滤波器时，低通和高通环节分别位于前置位置时，对带阻滤波器特性有什么影响？

实验十二　互感线圈的研究

一、实验目的

（1）观察交流电路的电磁耦合现象；

（2）学会用实验方法测定两个感应耦合线圈的同名端、互感系数和耦合系数；

（3）了解两只线圈的相对位置和铁磁物质对互感的影响。

二、实验原理及说明

1. 同名端

图 2.12-1(a)所示是两个有磁耦合的线圈，设电流 i_1 从 1 号线圈的 a 端流入，电流 i_2 从 2 号线圈的 c 端流入。由 i_1 产生而交链于 2 号线圈的互感磁通链为 ψ_{21}，i_2 的自感磁链为 ψ_{22}，当 ψ_{21} 与 ψ_{22} 方向一致时，互感系数（互感）M_{21} 为正，则称 1 号线圈的 a 端与 2 号线圈的 c 端为同名端。（显然 b、d 也是同名端）；若 ψ_{21} 与 ψ_{22} 方向相反，如图 2.12-1(b)所示，则 a、c 端称为异名端（即 a、d 或 b、c 为同名端），同名端常用符号"·"或"*"表示。

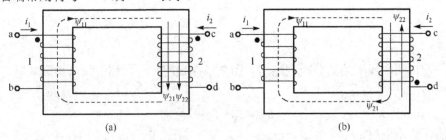

(a)　　　　　　　　　　　　　　(b)

图 2.12-1　磁耦合线圈

同名端取决于两个线圈各自的实际绕向以及它们之间的相对位置。

在实际中，对于具有耦合关系的线圈，若其绕向和相互位置无法判别时，可以根据同名端的定义，用实验方法加以确定。下面介绍几种常用的判别方法。

（1）直流通断法

如图 2.12-2 所示，把线圈 1 接到直流电源，把一个指针式万用表（使用微安挡）接在线圈 2 的两端。在电路接通瞬间，线圈 2 的两端将产生一个互感电动势，电表的指针就会偏转。若指针正向摆动，则与直流电源正极相联的端钮 a 与万用表正极相连的端钮 c 为同名端；若指针反向摆动，则 a、c 为异名端。

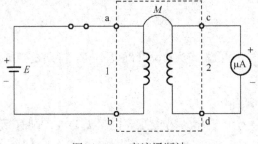

图 2.12-2　直流通断法

（2）等效电感法

设两个耦合线圈的自感分为 L_1 和 L_2 ，它们之间的互感为 M 。若将两个线圈的异名端相连，如图 2.12-3(a)所示，称为正向串联，其等效电感为：

$$L_{正} = L_1 + L_2 + 2M$$

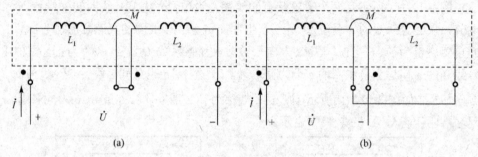

图 2-12-3　等效电感法

若将两个线圈的同名端相连，如图 2.12-3(b)所示，则称为反向串联，其等效电感为：

$$L_{反} = L_1 + L_2 - 2M$$

显然，等效电抗 $\omega L_{正} > \omega L_{反}$ 。

利用这种关系，在两个线圈串联方式不同时，加上相同的正弦电压，则正向串联时电流小，反向串联时电流大。同样地，若流过相同的电流，则正向串联时端口电压高，反向串联时端口电压低。据此即可判断出两线圈的同名端。

2. 互感 M 测量方法

互感 M 有多种测量方法，下面进行具体介绍。

（1）等效电感法

用数字电感表，分别测出两个耦合线圈正向串联和反向串联时的等效电感，则互感为：

$$M = \frac{L_{正} - L_{反}}{4}$$

用这种方法测得的互感一般来说准确度不高，特别是当 $L_{正}$ 和 $L_{反}$ 的数值比较接近时，误差更大。

（2）互感电势法

在图 2.12-4(a)所示电路中，若电压表内阻无穷大，则有

$$U_2 \approx E_2 = \omega M_{21} I_1$$

所以互感为：

$$M_{21} \approx \frac{U_2}{\omega I_1}$$

同理，在图 2.12-4(b)所示电路中有

$$M_{12} \approx \frac{U_1}{\omega I_2}$$

可以证明 $M_{12} = M_{21}$，统一用 M 表示。

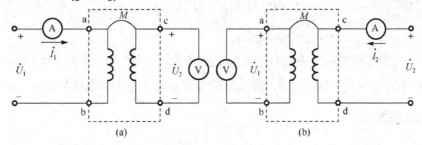

图 2.12-4 互感电势法

互感 M 测得以后，耦合系数可由下式计算：

$$K \approx \frac{M}{\sqrt{L_1 L_2}}$$

三、仪器设备

（1）电工实验箱；

（2）数字万用表；

（3）直流稳压电源；

（4）函数信号发生器；

（5）交流毫伏表；

（6）指针式万用表。

四、实验内容

（1）用直流通断法测定耦合线圈的同名端，接线图如图 2.12-2 所示，直流电源电压 $E = 1.5\text{V}$。

（2）用等效电感法测定耦合线圈的同名端，接线图如图 2.12-3 所示，用数字电感表分别测量出两个耦合线圈正向串联和反向串联时的等效电感 $L_正$ 和 $L_反$，即可判断出两线圈的同名端。

（3）用步骤 2 测量出的等效电感 $L_正$ 和 $L_反$ 值，代入下式：

$$M = \frac{L_{正} - L_{反}}{4}$$

得出互感 M 的值。

（4）用互感电势法测定两个耦合线圈的互感 M_{12} 和 M_{21}，并验证 $M_{12} = M_{21}$，用功率信号发生器作为交流电源（注意：功率信号发生器的输出应先调到最小，然后逐渐加大），接线图如图 2.12-4 所示。测量电路的 I_1、I_2、U_1、U_2 值，再用公式 $M_{21} \approx \dfrac{U_2}{\omega I_1}$ 与 $M_{12} \approx \dfrac{U_1}{\omega I_2}$ 分别计算出 M_{21} 和 M_{12}。

① 将功率信号发生器设为 50Hz；

② 使用实验箱内互感电路部分的交流电源，也可测出互感 M_{12} 和 M_{21}，实验时要在电路中串上限流电阻 R，限流电阻 R 可借用其他电路部分的可调电位器。

五、思考题

（1）除了在实验原理中介绍的测定同名端的方法外，还有没有其他方法？

（2）实验中 M_{12} 和 M_{21} 是否相等？若相等说明什么？若不相等又说明什么？

实验十三　双口网络参数的研究

一、实验目的

（1）学习测定无源线性二端口网络的参数；

（2）研究不同双口网络的性能及其等效电路；

（3）了解二端口网络特性及输入、输出电阻。

二、实验原理及说明

（1）对于无源线性二端口（见图 2.13-1）可以用网络参数来表征它的特征，这些参数只决定于二端口网络内部的元件和结构，而与输入（激励）无关。网络参数确定后，两个端口处的电压、电流关系即网络的特征方程就唯一的确定了。

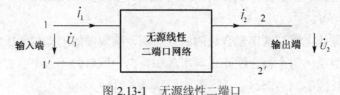

图 2.13-1　无源线性二端口

（2）若将二端口网络的输出电压 $\dot{U}_2$ 和电流 $\dot{I}_2$ 作为自变量，输入端电压 $\dot{U}_1$ 和电流 $\dot{I}_1$ 作为因变量，则有方程

$$\dot{U}_1 = A_{11}\dot{U}_2 + A_{12}(-\dot{I}_2)$$

$$\dot{I}_1 = A_{21}\dot{U}_2 + A_{22}(-\dot{I}_2)$$

式中，A_{11}、A_{12}、A_{21}、A_{22} 称为传输参数，分别表示为

$$A_{11} = \left.\frac{\dot{U}_1}{\dot{U}_2}\right|_{\dot{I}_2=0}$$

A_{11} 是输出端开路时两个电压的比值，是一个无量纲的量。

$$A_{21} = \left.\frac{\dot{I}_1}{\dot{U}_2}\right|_{\dot{I}_2=0}$$

A_{21} 是输出端开路时开路转移导纳。

$$A_{12} = \left.\frac{\dot{U}_1}{-\dot{I}_2}\right|_{\dot{U}_2=0}$$

A_{12} 是输出端短路时短路转移阻抗。

$$A_{22} = \left.\frac{\dot{I}_1}{-\dot{I}_2}\right|_{\dot{U}_2=0}$$

A_{22} 是输出端短路时两个电流的比值，是一个无量纲的量。

可见，A 参数可以用实验的方法求得。当二端口网络为互易网络时，有

$$A_{11}A_{22} - A_{12}A_{21} = 1$$

因此，四个参数中只有三个是独立的。如果是对称的二端口网络，则有

$$A_{11} = A_{22}$$

（3）无源二端口网络的外特性可以用三个阻抗（或导纳）元件组成的 T 型或 π 型等效电路来代替，其 T 型等效电路如图 2.13-2 所示。若已知网络的 A 参数，则阻抗 R_1、R_2、R_3 分别为：

$$R_1 = \frac{A_{11}-1}{A_{21}}$$

$$R_2 = \frac{A_{22}-1}{A_{21}}$$

$$R_3 = \frac{1}{A_{21}}$$

因此，求出二端口网络的 A 参数之后，网络的 T 型（或 π 型）等效电路的参数也就可以求得。

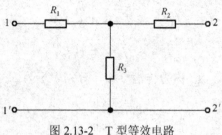

图 2.13-2　T 型等效电路

（4）由二端口网络的基本方程可以看出，如果在输出端 1-1'接电源，而输出端 2-2'处于开路和短路两种状态时，分别测出 $\dot{U}_{10}$、$\dot{U}_{20}$、$\dot{I}_{10}$、$\dot{U}_{1S}$、$\dot{I}_{1S}$、$\dot{I}_{2S}$ 就可以得出上述四个参数。但这种方法实验测试时需要在网络两端，即输入端和输出端同时进行测量电压和电流，这在某种实际情况下是不方便的。

在一般情况下，我们常用在二端口网络的输入端及输出端分别进行测量的方法来测定这四个参数，把二端口网络的 1-1'端接电源，在 2-2'端开路与短路的情况下，分别得到开路阻抗和短路阻抗。

$$R_{01} = \frac{\dot{U}_{10}}{\dot{I}_{10}}\bigg|_{\dot{I}_2=0} = \frac{A_{11}}{A_{21}}, \quad R_{S1} = \frac{\dot{U}_{1S}}{\dot{I}_{1S}}\bigg|_{\dot{U}_2=0} = \frac{A_{12}}{A_{22}}$$

再将电源接至 2-2'端，在 1-1'端开路和短路的情况下，又可得到：

$$R_{02} = \frac{\dot{U}_{20}}{\dot{I}_{20}}\bigg|_{\dot{I}_1=0} = \frac{A_{22}}{A_{21}}, \quad R_{S2} = \frac{\dot{U}_{2S}}{\dot{I}_{2S}}\bigg|_{\dot{U}_1=0} = \frac{A_{12}}{A_{11}}$$

同时由以上四式可见：

$$\frac{R_{01}}{R_{02}} = \frac{R_{S1}}{R_{S2}} = \frac{A_{11}}{A_{22}}$$

因此，R_{01}、R_{02}、R_{S1}、R_{S2} 中只有三个独立变量，如果是对称二端口网络就只有两个独立变量，此时

$$R_{01} = R_{02}, \quad R_{S1} = R_{S2}$$

如果由实验已经求得开路和短路阻抗则可很方便地算出二端口网络的 A 参数。

三、仪器设备

（1）电路分析实验箱；

（2）数字万用表。

四、实验内容

（1）按图 2.13-3 所示接线。

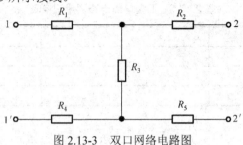

图 2.13-3　双口网络电路图

$R_1 = 100\Omega$，$R_2 = R_5 = 300\Omega$，$R_3 = R_4 = 200\Omega$，1-1′处电压为 10V。将端口 2-2′处开路测量 U_{20}、I_{20}，将 2-2′短路处测量 $\dot{I}_{1s}$、$\dot{I}_{2s}$，并将结果填入表 2.13-1 中。

表 2.13-1　测量数据表

2-2′开路	$\dot{U}_{20}$	$\dot{I}_{20}$
$\dot{I}_2 = 0$		
2-2′短路	$\dot{I}_{1s}$	$\dot{I}_{2s}$
$\dot{U}_2 = 0$		

（2）计算出 A_{11}、A_{12}、A_{21}、A_{22}。

$$A_{11} = \left.\frac{\dot{U}_{10}}{\dot{U}_{20}}\right|_{\dot{I}_2=0}, \qquad A_{21} = \left.\frac{\dot{I}_{10}}{\dot{U}_{20}}\right|_{\dot{I}_2=0}$$

$$A_{12} = \left.\frac{\dot{U}_{1S}}{-\dot{I}_{2S}}\right|_{\dot{U}_2=0}, \qquad A_{22} = \left.\frac{\dot{I}_{1S}}{-\dot{I}_{2S}}\right|_{\dot{U}_2=0}$$

验证：$A_{11}A_{22} - A_{12}A_{21} = 1$。

（3）计算 T 型等值电路中的电阻 R_1、R_2、R_3，并组成 T 型等值电路，如图 2.13-4 所示。

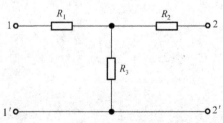

图 2.13-4　T 型等值电路中的电阻测量图

在 1-1′处加入 $U_1 = 10\text{V}$ ，分别将端口 2-2′处开路和短路测量并将结果填入表 2.13-2 中。

表 2.13-2　T 型电阻电路测量记录表

2-2′开路	$\dot{U}_{20}$	$\dot{I}_{20}$
$\dot{I}_2 = 0$		
2-2′短路	$\dot{I}_{1s}$	$\dot{I}_{2s}$
$\dot{U}_2 = 0$		

$$r_1 = \frac{A_{11} - 1}{A_{21}}, \quad r_2 = \frac{A_{22} - 1}{A_{21}}, \quad r_3 = \frac{1}{A_{21}}$$

比较两个表中的数据，验证电路的等效性。

五、实验注意事项

（1）在接通电源进行测量之前，应该将稳压电源的电压置零，然后缓慢升压，同时用电压表监视，保持输入端口电压值为 10V。注意直流电压表及电流表的量程。

（2）注意电流表的极性，在端口 1-1′或端口 2-2′接电压源的时候，它们各自的电流方向是不同的，一个为流入端口，另一个为流出端口。

（3）本实验中，计算传输参数时，U、I 均取正值。在实验各步骤出现的误差会对结果有影响，故尽量减少误差以求准确。

六、思考题

（1）双口网络的参数与外接电压或流过网络的电流是否有关？

（2）本实验的测量方法可否用于交流双口网络参数的测定？为什么？

第 3 章 综合性及其仿真实验

实验一 最大功率传输定律的研究

一、实验目的

（1）学习综合性试验电路设计思想和方法，能自行设计实验测试方案，并合理选择仪表；

（2）了解并掌握测量有源单口网络等有效参数的方法；

（3）研究最大功率传递定律适用范围。

二、实验原理及说明

（1）戴维南定理

线性有源二端口网络可以用一个理想电压源 u_{oc} 与一个等效电阻 R_0 相串联的等效电路来代替。

其中，实验室测量等效电阻 R_0 的方法有两种：

方法一：独立源置零后直接用万用表电阻挡测出等效电阻。

方法二：开路短路法。用 $R_0 = u_{oc}/i_{sc}$ 关系式计算等效电阻，即测出该网络的开路电压 u_{oc} 和短路电流 i_{sc}，代入式子计算即可。

（2）最大功率传输定理

线性有源二端口网络的端口外接负载电阻 R_L，当负载 $R_L = R_0$（等效电阻）时，负载电阻可从网络中获得最大功率，且最大功率 $P_{omax} = \dfrac{u_{oc}^2}{4R_0}$，此时网络内电源功率效率 $\eta = \dfrac{P_{omax}}{P_u} = 50\%$。

三、仪器设备

（1）电路分析实验箱；

（2）信号源；

（3）交流毫伏表；

（4）万用表。

四、预习要求

（1）复习戴维南定理、诺顿定理、最大功率传递定理的相关知识。

（2）查找相关资料，设计测试有源单口网络伏安特性及功率传输特性的方案、数据记录表格，并进行相应的仿真研究、测试。

（3）选择合适的仪器仪表及其量程。

五、实验任务

有源线性单端口网络如图 3.1-1 所示，其输出端接负载 Z_L，网络内信号源 U_s 既可为直流也可为交流信号。

（1）研究该单口网络在 U_s 为直流，负载 Z 为纯电阻，开关 SA1 闭合时，单口网络的伏安特性。

（2）选择合适的信号源 U_s 频率及幅值，研究图 3.1-1 所示单口网络在交流信号作用下，开关 SA1，SA2，SA3 分别关闭时，外接负载阻抗需要满足什么条件，可从该单端口网络获取最大的功率（或该单端口网络可向外接负载传递最大的功率）。

（3）在电路达到最大功率输出时，测量下列两种功率转换效率：

① 对单口网络端钮而言；

② 对电源 U_s 而言。

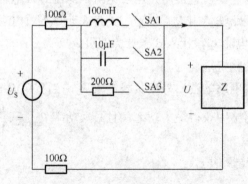

图 3.1-1　有源线性单口网络

六、实验注意事项

（1）设计时应注意测量仪表的量程选择。

（2）信号源的频率和幅值需要仔细选择，以使单口网络输出最大功率时，电路中各点电压及电流不超过各仪表的量程和电感、电容、负载阻抗的最大允许值。

（3）测量时，应注意参考方向的设定问题。

（4）EWB 仿真时函数信号发生器输出的电压值设置为有效值电压。

七、思考题

（1）如何利用仪表测量电路中的有功功率？

（2）分析实验中得到的 P_{max} 和网络内电源功率效率的变化与电路内阻变化之间的关系，讨论最大功率传输定理的条件及适应范围。

实验二　正弦交流电路功率因数的提高

一、实验目的

（1）理解和掌握提高感性负载功率因数的意义和方法；

（2）进一步学习和掌握功率表的使用方法；

（3）了解日光灯的工作原理及正确接线；

（4）掌握数字式电参数综合测量仪的使用方法。

二、实验原理及说明

电力系统中的负载大部分是感性负载，功率因数低，线路损耗大，电设备的容量和电能得不到充分有效的利用。为了解决上述问题，可以根据负载阻抗的性质采用相应的方法来提高功率因数。

（1）提高功率因数的意义

功率因数 $\cos\varphi$ 是有功功率 P 和视在功率 S（UI）的比值，即 $\cos\varphi = P/UI$。此式表明，当负载两端电压 U 和消耗的有功功率不变时，如果功率因数 $\cos\varphi$ 从 0.5 提高到 1，电流 I 就减小一倍，则视在功率 S 减小了一半，线路的损耗也相应减小，这样就提高了设备和电能的利用效率。

（2）提高功率因数的方法

对于绝大部分感性负载，采用与电感性负载并联电容器，以流过电容器中的容性电流补偿负载中的感性电流的办法来提高功率因数。这种方法相当于将感性负载中的无功能量和并联电容器中的无功能量进行转换，而不是通过电网与电源交换无功能量，以此降低电网损耗。本实验的感性负载采用日光灯电路，改变并联电容的大小，可以发现负载电流相应变化。当电流表的读数最小时，为最优补偿状态，整个并联电路成电阻性，电流表的读数相当于负载电流，功率因数为 1。

此时如果减小电容，电流表的读数会增大，整个并联电路呈感性，会有相位滞后输入电压的无功电流倒入电网，功率因数减小。如果增大电容，电流表的读数同样会增大，整个并联电路呈电容性，会有相位超前输入电压的无功电流流入电网，功率因数减小。

（3）日光灯电路组成部分和工作原理简述

灯管：日光灯管是一根玻璃管，它的内壁均匀地涂有一层薄的荧光粉，灯管两端各有一个阳极和一组灯丝。灯丝由钨丝制成，其作用是发射电子。阳极是两个镍丝，焊在灯丝上，与灯丝具有相同的电位，其主要作用是具有正电位时吸收部分电子，以减少对灯丝的撞击。此外，它还具有帮助灯管点燃的作用。灯管内还充有惰性气体（如氩气）与水银蒸气，当管内产生辉光放电时，就会放射紫外线、这些紫外线照射到荧光粉上就会发出可见光。

镇流器：它是绕在硅钢片铁心上的电感线圈，在电路上与灯管相串联。其作用有：在日光灯启动时，产生足够的自感电势，使灯管内的气体放电；在日光灯正常工作时，限制灯管电流。不同瓦数的灯管应配以不同的镇流器。

启辉器：是一个小型的辉光管，管内充有惰性气体，装有两个电极，一个是固定电极，一个是倒"U"形的可动电极，两个电极上都有焊有触头。倒"U"形可动电极由线膨胀系数不同的两种金属制成。

点燃过程：日光灯管、整流器和启辉器的连接电路如图 3.2-1 所示。刚接上电源时，灯管内气体尚未放电，电源电压全部加在启辉器上，使它产生辉光放电并发热，倒"U"形的金属片受热膨胀，由于内层金属的线膨胀系数大，双金属片受热后趋于伸直，使金属片上的触点闭合，将电路接通。电流通过灯管两端的灯丝，灯丝受热后发射电子，而当启辉器的触点闭合后，两电极间的电压降为零，辉光放电停止，双金属片冷却恢复原来位置，两触点重新分开。为了避免启辉器断开时产生的火花，将触点烧毁，通常在两电极间并联一个极小的电容。

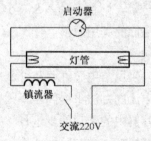

图 3.2-1　日光灯连接电路图

在双金属片冷却后触点断开瞬间，镇流器两端产生相当高的自感电势，这个自感电势与电源电压一起加到灯管两端，使灯管发生弧光放电，弧光放电所发射的紫外线照到灯管的荧光粉上，就会发出可见光。

灯管放电后，一半以上的电压降落在镇流器上，灯管电压只有 120V 左右，这个较低的电压不足以使启辉器放电，因此，它的触点不闭合。这时，日光灯电路因有镇流器的存在而形成一个功率因数很低的感性电路。故安装日光灯应同时并联电容器以提高功率因数。

三、预习要求

（1）了解功率因数的定义和提高功率因数的原理。

（2）日光灯的工作原理。

（3）分析功率补偿前后无功功率的流向情况。

（4）实验室，电流表插座代替电流表接入电路。

（5）观察日光灯启动过程，可通过单相调压器使电压由零逐渐升高，直至日光灯点燃，再将电源电压调至 220V，灯管启动以后调节调压器手柄，在确保灯管发光的较低电压下进行相关数据的测试，实验中尽量保持输入电压不变。

（6）每改变一次电容时，必须先使电容通过并联的电感放电后，再改变电容值，以保证安全。

（7）功率表的读数为有功功率，即灯管消耗的动率，测试中其读数几乎不变；视在功率为电压表读数和电流表读数的乘积，所以视在功率在测试中会随着电容的变化而变化。

（8）注意调压器的正确接线，电流表、功率表的正确接线及量程选择。

（9）本实验的电源电压为 220V 市电，务必按照实验要求仔细进行操作，以免发生事故。

（10）根据实验要求和实验原理，自己设计实验数据记录表格。

四、实验任务

（1）以荧光灯电路为研究对象，设计具体的测试方案，设计电路各元件的实际模型；

（2）设计实验方案，通过实验测试判断荧光灯电路阻抗特性；

（3）设计具体的实验电路以提高荧光灯电路的功率因数（提高到 0.9 左右）。要求进行必要的电路设计及计算，给出合理的实验测试方案，正确选择仪器，拟定实验数据记录表格等。

五、实验注意事项

（1）正确选择仪表，注意仪表量程。

（2）注意电路的正确连线，镇流器必须与灯管串联且不可短路；启辉器与灯管并联。

（3）注意功率表的连线要正确。

（4）注意用电安全，遵守"先接线，检查正确，再通电；先断电，再改接电路或拆线"的原则。

（5）测量时应保持电压表与负载并联，电流表与被测支路串联。

六、思考题

灯管支路补偿前后流过的电流是否发生变化？为什么？

实验三　RLC 串联电路的幅频特性与谐振现象

一、实验目的

（1）研究 RLC 串联电路的幅频特性（也就是谐振曲线），加深对串联谐振电路谐振条件和特性的认识；

（2）加深对 RLC 谐振电路品质因数对谐振曲线的影响；

（3）掌握谐振测量元件参数的方法，了解电路参数对谐振特性的影响；

（4）认识电路谐振现象在无线电接收装置中的应用。

二、实验原理及说明

谐振现象是正弦稳态交流电路的一种特定工作状态。对于一个电路含有电感和电容两类不同性质的储能元件，在一定条件下，它们的能量交换可以完全补偿，而与电源之间不再有能量的交换，这时电源向电路提供有功功率，电路呈电阻性，这就是电路的谐振现象。谐振现象在无线电及电工技术中得到了广泛的应用，但是某些情况下谐振现象又会破坏系统的工作。

1. RLC 串联谐振

RLC 串联电路（见图 3.3-1）的阻抗是电源频率的函数，即：

$$Z = R + \mathrm{j}\left(\omega L - \frac{1}{\omega C}\right) = |Z|\mathrm{e}^{\mathrm{j}\varphi}$$

当 $\omega L = \dfrac{1}{\omega C}$ 时，电路呈现电阻性，U_s 一定时，电流达最大，这种现象称为串联谐振，谐振时的频率称为谐振频率，也称电路的固有频率。即

$$\omega_0 = \frac{1}{\sqrt{LC}} \quad \text{或} \quad f_0 = \frac{1}{2\pi\sqrt{LC}}$$

上式表明，电路的谐振，与电阻的大小无关。要实现谐振，可通过改变 L、C 或电源频率 f 来实现。一般采取两种方法调谐：一是固定 L、C 而调节电源频率；二是固定电源频率和 L 而调节电容实现。在实验电路中，由于电感 L 的改变比较困难，实际电路装置中总是通过改变外加电源的频率或改变可变电容器的电容值来满足谐振条件。

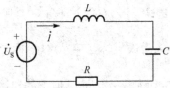

图 3.3-1　RLC 串联电路

2. 电路处于谐振状态时的特征

（1）复阻抗 Z 达最小，电路呈现电阻性，$Z_\mathrm{o} = R$，电流与输入电压同相。

（2）电感电压与电容电压数值相等，相位相反。此时电感电压（或电容电压）为电源电压的 Q 倍，Q 称为品质因数，即

$$Q = \frac{U_\mathrm{L}}{U_\mathrm{S}} = \frac{U_\mathrm{C}}{U_\mathrm{S}} = \frac{\omega_0 L}{R} = \frac{1}{\omega_0 CR} = \frac{1}{R}\sqrt{\frac{L}{C}}$$

在 L 和 C 为定值时，Q 值仅由回路电阻 R 的大小来决定。电路中 L 或 C 上的电压相等，并为电源电压的 Q 倍，故串联谐振又称"电压谐振"。

（3）在激励电压有效值不变时，回路中的电流达最大值，即：

$$I = I_0 = \frac{U_\mathrm{S}}{R}$$

3. 串联谐振电路的频率特性

（1）回路的电流与电源角频率的关系称为电流的幅频特性，表明其关系的图形称为串联谐振曲线。电流与角频率的关系为：

$$I(\omega) = \frac{U_S}{\sqrt{R^2\left(\omega L - \dfrac{1}{\omega C}\right)^2}} = \frac{U_S}{R\sqrt{1 + Q^2\left(\dfrac{\omega}{\omega_0} - \dfrac{\omega_0}{\omega}\right)^2}} = \frac{I_0}{\sqrt{1 + Q^2\left(\dfrac{\omega}{\omega_0} - \dfrac{\omega_0}{\omega}\right)^2}}$$

当 L、C 一定时，改变回路的电阻 R 值，即可得到不同 Q 值下的电流的幅频特性曲线（见图3.3-2）。显然 Q 值越大，曲线越尖锐。

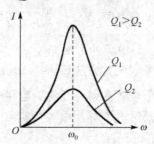

图 3.3-2　不同 Q 值下的幅频特性曲线

有时为了方便，常以 $\dfrac{\omega}{\omega_0}$ 为横坐标，$\dfrac{I}{I_0}$ 为纵坐标画电流的幅频特性曲线（这称为通用幅频特性），图3.3-3 画出了不同 Q 值下的通用幅频特性曲线。回路的品质因数 Q 越大，在一定的频率偏移下，$\dfrac{I}{I_0}$ 下降越厉害，电路的选择性就越好。

（2）为了衡量谐振电路对不同频率的选择能力引进通频带概念，把通用幅频特性的幅值从峰值 1 下降到 0.707 时所对应的上、下频率之间的宽度称为通频带（以 BW 表示）即：

$$\mathrm{BW} = \frac{\omega_2}{\omega_0} - \frac{\omega_1}{\omega_0}$$

由图3.3-3 看出 Q 值越大，通频带越窄，电路的选择性越好。

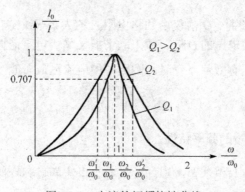

图 3.3-3　电流的幅频特性曲线

（3）激励电压与响应电流的相位差 φ 角和激励电源角频率 ω 的关系称为相频特性，即：

$$\varphi(\omega) = \arctan \frac{\omega L - \dfrac{1}{\omega C}}{R} = \arctan \frac{X}{R}$$

显然，当电源频率 ω 从 0 变到 ω_0 时，电抗 X 由 $-\infty$ 变到 0 时，φ 角从 $-\dfrac{\pi}{2}$ 变到 0，电路为容性。当 ω 从 ω_0 增大到 ∞ 时，电抗 X 由 0 增到 ∞，φ 角从 0 增到 $\dfrac{\pi}{2}$，电路为感性。相角 φ 与 $\dfrac{\omega}{\omega_0}$ 的关系称为通用相频特性，如图 3.3-4 所示。

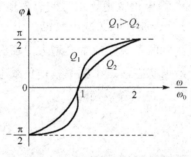

图 3.3-4　通用相频特性曲线

谐振电路的幅频特性和相频特性是衡量电路特性的重要标志。

4. RLC 并联谐振

工程中遇到的并联谐振电路是由实际电感线圈（即考虑线圈的电阻）与电容器并联组成的，如图 3.3-5 所示。通过等效变换将其转化为能够完全并联谐振电路，当电路呈现纯电导时，电流与电压同相，电路发生谐振。此时的谐振频率 ω_0 为

$$\omega_0 = \frac{1}{\sqrt{LC}} \sqrt{1 - \frac{CR^2}{L}}, \qquad f_0 = \frac{1}{2\pi\sqrt{LC}} \sqrt{1 - \frac{CR^2}{L}}$$

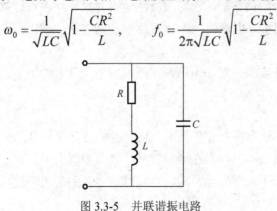

图 3.3-5　并联谐振电路

由上式可知，只有当 $R < \sqrt{\dfrac{L}{C}}$ 时，电路才能发生谐振，若 $R << \sqrt{\dfrac{L}{C}}$（实验电路一般满足此条件），则

$$\omega_0 \approx \frac{1}{\sqrt{LC}}, \qquad f_0 = \frac{1}{2\pi\sqrt{LC}}$$

则谐振阻抗为

$$Z_0 = \frac{L}{CR}$$

并联谐振的判定方法：并联谐振时整个电路呈电阻性，此时电感和电容的电流大小相等、相位相反，所以并联谐振是流过被测并联负载的电流最小，所以判定方法就是保持型号发生器输出正弦电压信号的有效值 U 及电路参数 R、L、C 不变，改变正弦信号频率 f，被测并联负载电流也在相应变化，当频率在某点时，增加或降低信号频率，被测并联负载电流都会增大，那么在这个频率点上就是给定被测并联负载电路处于谐振状态，这个频率就是负载电路的并联谐振频率。实验中通过测量电阻 R 的电压来进行等效判断。

三、预习要求

（1）复习有关频率特性和谐振的内容；

（2）根据所用电路元件参数值，估算电路的谐振频率；

（3）自拟实验测试过程，包括：实验步骤、实验电路、表格、数据等；

（4）分析 RLC 串联电路的带通特性，移相特性与元件参数的关系。

四、实验任务

（1）EWB 仿真该 RLC 电路幅频特性和相频特性；

（2）自拟实验测试方案，确定实验测试内容及步骤，设计数据记录表格，选择适当的仪器，测量该电路的频率特性及 Q 值等参数，画出该电路的幅频特性和相频特性曲线；

（3）自行设计实验方案，用谐振法测量给定元件参数。

五、实验注意事项

（1）测试点的选择应在靠近谐振。测试频率点应多取几点。在通频带内的测试点频率间隔可设置小一些，在通频带外，则可设置大一些。

（2）每改变一个测试频点，应注意调整信号源的输出幅度，使其始终保持恒定输出。

（3）在 EWB 仿真时，可用扫频仪感测设计电路的频率响应，扫频仪的幅度、相位模式均采用对数方式。

（4）在测量谐振时的电容、电感电压时，注意选择仪表的量程和接地参考点。

六、思考题

在测量时，选择均匀频率间隔进行测试与不均匀频率间隔测试，所得结果有不同吗？测量误差哪种情况下比较大？

实验四　负阻抗变换器

一、实验目的

（1）加深对负阻抗概念的认识，掌握对含有负阻电路的分析研究方法；

（2）了解负阻抗变换器的组成原理及其应用；

（3）掌握负阻抗变换器的各种测试方法。

二、实验原理及说明

负阻抗是电路理论中的一个重要基本概念，在工程实践中也有广泛的应用。负阻的产生除了某些非线性元件在某个电压或电流的范围内具有负阻特性外，一般都由一个有源双端口网络来形成一个等值的线性负阻抗。该网络由线性集成电路或晶体管等元件组成，这样的网络称为负阻抗变换器。

按有源网络输入电压和电流与输出电压和电流的关系，可分为电流倒置型和电压倒置型两种（INIC 及 VNIC）。

实验用线性运算放大器组成如图 3.4-1 所示的电路，在一定的电压、电流范围内可获得良好的线性度。

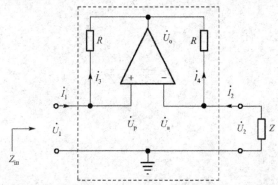

图 3.4-1　用运算放大器组成的电流倒置型负阻抗变换器

图中虚线框所示电路是一个用运算放大器组成的电流倒置型负阻抗变换器（INIC）。假设运算放大器是理想的，由于它的同相输入端（"+"）与反向输入端（"–"）之间为虚短路，输入阻抗为无限大，故有

$$\dot{U}_P = \dot{U}_a, \qquad \dot{U}_1 = \dot{U}_2$$

由理想运算放大器的虚短和虚断特性，可以得到如下方程：

$$\dot{U}_1 - \dot{U}_0 = R\dot{I}_3 \qquad \dot{U}_2 - \dot{U}_0 = R\dot{I}_4$$

$$\dot{I}_1 = \dot{I}_3 \qquad\qquad \dot{I}_2 = \dot{I}_4$$

$$\dot{U}_0 = \dot{U}_1 - R\dot{I}_3 = \dot{U}_2 - R\dot{I}_4 \Rightarrow \dot{I}_3 = \dot{I}_4$$

即：
$$\dot{I}_1 = \dot{I}_2$$

负载上的电压电流参考方向非关联，因此：

$$\dot{I}_2 = -\frac{\dot{U}_2}{Z_L}$$

即整个电路的输入阻抗为：

$$Z_{in} = \frac{\dot{U}_1}{\dot{I}_1} = \frac{\dot{U}_2}{\dot{I}_2} = -Z_L$$

可见，这个电路的输入阻抗为负载阻抗的负值，也就是说，当负载端接入任意一个无源阻抗元件时，在激励端就等效为一个负的阻抗元件，简称负阻元件。

负阻抗变换器元件 $-Z$ 和普通的无源 R、L、C 元件 Z' 作串、并联连接时，其等值阻抗的计算方法与无源元件的串、并联计算公式相同。

对于串联连接，有

$$Z_{串} = -Z + Z'$$

对于并联连接，有

$$Z_{并} = \frac{-Z \cdot Z'}{-Z + Z'}$$

三、仪器设备

（1）电工实验箱；

（2）数字万用表；

（3）直流稳压电源；

（4）函数信号发生器；

（5）示波器。

四、实验内容

1．测量负电阻的伏安特性

（1）实验线路如图 3.4-2 所示，按实验线路接线，断开开关 S。

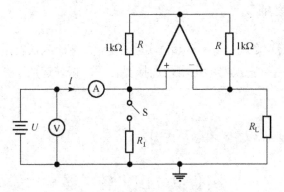

图 3.4-2　负阻抗变换实验线路

（2）测出对应的 U、I 值，计算负电阻阻值，将数据记录于表 3.4-1 中。

（3）画出等效阻抗的伏安特性。

表 3.4-1　$R_L = 2k\Omega$ 时实验数据记录表

U（V）		−7	−6	−5	−4	−3	−2	−1.5	0	1.5	2	3	4	5	6	7
I（mA）																
等效阻抗（Ω）	测量值															
	理论值															

2．负阻抗元件与普通无源元件的并联连接

（1）按实验线路接线，闭合开关 S。

（2）测出对应的 U、I 值，并计算并联后的总阻抗，将数据记录于表 3.4-2 中。

（3）验证负阻元件−Z 和普通的无源 R、L、C 元件 Z' 作串、并联连接时，等值阻抗的计算方法与无源元件的串、并联计算公式相同。

表 3.4-2　$R_L = 400\Omega$ 时实验数据记录表

R_1		∞	5kΩ	1kΩ	700Ω	400Ω	200Ω	100Ω
U（V）		2	2	2	2	2	2	2
I（mA）								
等效阻抗（Ω）	测量值							
	理论值							

3. 用 EWB 软件仿真上述实验内容，并进行数据比较。

五、实验注意事项

（1）整个实验中激励电源不得超过实验给定值，交流毫伏表在测量前必须调零。

（2）构成负阻抗变换器的电阻值选择要合适，保证运放工作在线性区。

六、思考题

负阻抗变换器在实际中有哪些应用？

实验五　回　转　器

一、实验目的

（1）了解回转器的相关知识，掌握回转器的基本特性；

（2）了解回转器的应用，测量回转器的基本参数；

（3）加深对一阶动态微分电路、积分电路运算功能、RLC 电路及并联谐振电路特性的理解。

二、实验原理及说明

（1）回转器是一种有源非互易的新型二端口网络元件，电路符号及其等值电路如图 3.5-1 所示。

理想回转器的导纳方程如下：

$$\begin{bmatrix} I_1 \\ I_2 \end{bmatrix} = \begin{bmatrix} 0 & +G \\ -G & 0 \end{bmatrix} \begin{bmatrix} U_1 \\ U_2 \end{bmatrix}$$

或写成

$$I_1 = GU_2, \qquad I_2 = -GU_1$$

也可写成电阻方程：

$$\begin{bmatrix} U_1 \\ U_2 \end{bmatrix} = \begin{bmatrix} 0 & -R \\ +R & 0 \end{bmatrix} \begin{bmatrix} I_1 \\ I_2 \end{bmatrix}$$

或写成

$$U_1 = -RI_2, \qquad U_2 = RI_1$$

式中 G 和 R 分别称为回转电导和回转电阻，简称为回转常数。

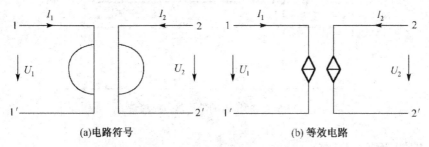

(a)电路符号　　　　　　　　　(b) 等效电路

图 3.5-1　理想回转器的电路符号及其等效电路

（2）若在 2-2′ 端接一负载电阻 Z_L，则在回转器的入端阻抗 Z_i 为：

$$Z_i = \frac{\dot{U}}{\dot{I}} = \frac{-R\dot{I}_2}{G\dot{U}_2} = -\frac{R^2}{-Z_L} = \frac{R^2}{Z_L}$$

① 若在 2-2′ 端接一负载电阻 R_L，即 $Z_L = R_L$，则 $Z_i = \dfrac{R^2}{R_L}$。

② 若在 2-2′ 端接一负载电容 C，则从 1-1′ 端看进去就相当于一个电感，即回转器能把一个电容元件"回转"成一个电感元件，所以也称为阻抗逆变器。2-2′ 端接有 C 后，从 1-1′ 端看进去的导纳 Y_i 为

$$Y_i = \frac{I_1}{U_1} = \frac{GU_2}{-I_2 / G} = \frac{-G^2 U_2}{I_2}$$

又∵

$$\frac{U_2}{I_2} = -Z_L = -\frac{1}{j\omega C}$$

∴

$$Y_i = \frac{G^2}{j\omega C} = \frac{1}{j\omega L}, \quad L = \frac{C}{G^2}$$

③ 若在 2-2′ 端接一个电感 L_i，经回转器后可得电容 $C = L_i G^2$

（3）由于回转器有阻抗逆变作用，在集成电路中得到重要的应用。因为在集

成电路制造中，制造一个电容元件比制造电感元件容易得多，我们可以用一个带有电容负载的回转器来获得数值较大的电感。

回转器的结构与电路原理如图 3.5-2 所示。

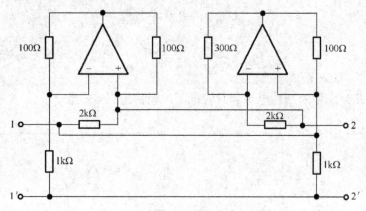

图 3.5-2　回转器的结构与电路原理

三、仪器设备

（1）电路分析实验箱；

（2）双踪示波器；

（3）交流毫伏表。

四、预习要求

（1）预习回转器的回转特性及回转常数 G 的测量方法。

（2）复习 RLC 并联电路谐振的工作原理，一阶动态电路微分、积分电路的形成条件和电路特点。

（3）进一步熟悉示波器、函数发生器、双路稳压电源电流的使用方法和注意事项。

五、实验内容

（1）在图 3.5-3 的 2-2′ 端接纯电阻负载，信号源频率固定在 1kHz，信号电压 2V。用交流毫伏表测量不同负载电阻 R_L 时 U_1、U_2 和 U_{RL}、U_{RS}，并计算相应的电流 I_1、I_2 和回转常数 G，将数据记录在表 3.5-1 中。

$$\dot{I}_1 = \frac{U_{RS}}{R_S}, \qquad \dot{I}_2 = \frac{U_2}{R_L}$$

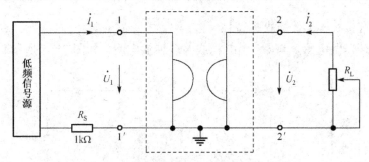

图 3.5-3　测量回转器电导的实验电路图

表 3.5-1　测量回转器电导实验数据表

R（Ω）	测量值		计算值				
	U_1（V）	U_2（V）	I_1（mA）	I_2（mA）	$G' = I_1/U_2$	$G'' = I_2/U_1$	$G_{平均} =$ $(G'+G'')/2$
500Ω							
1kΩ							
1.5kΩ							
2kΩ							
3kΩ							
4kΩ							
5kΩ							

（2）用双踪示波器观察回转器输入电压和输入电流之间的相位关系，按图 3.5-4 接线。

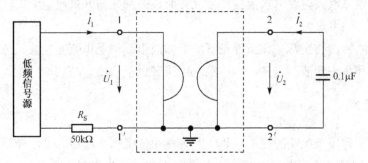

图 3.5-4　回转器电路相位测试的实验电路

① 2-2′ 端接电容负载 $C = 0.1\mu F$，观察 I_1 与 U_1 之间的相位关系，图中的 R_s 为电流取样电阻，因为电阻两端的电压波形与通过电阻的电流波形同相，所以用示波器观察 U_{RS} 上的电压波形就反映了电流 I_1 的相位。

②（选做实验）测量谐振特性

用回转器做电感，与 $C = 1\mu F$ 构成并联谐振电路，如图 3.5-5 所示。

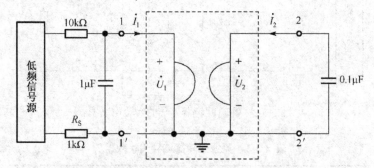

图 3.5-5　回转器并联谐振电路测试的实验电路

低频信号源输出电压恒定 $U = 2V$，在不同频率时用交流毫伏表测量 1-1′ 端的电压，并找出峰值。将数值记录于表 3.5-2 中。

表 3.5-2　并联谐振实验数据记录表

频率 f（Hz）	200	300	400	430	460	485	520	560	600	700	800
U_1（V）											

（3）用 EWB 软件仿真上述实验内容，并进行数据比较。

六、实验注意事项

（1）运算放大电路每次换接外部元件时，必须先断开供电电源，注意运算放大器的输出不可短路。

（2）回转器的正常工作条件是 U、I 的波形必须是正弦波，为避免运算放大器进入饱和状态使波形失真，所以输入电压应以不超过 2V 为宜。

七、思考题

（1）回答实验电路图 3.5-4 中 $\dot{U}_1$ 和 $\dot{I}_1$ 在相位上哪个超前？哪个滞后？其相位差是多少？是否随频率和电容的大小变化？为什么？并绘制 $\dot{U}_1$ 和 $\dot{I}_1$ 的相位关系示意图。

（2）根据实验内容记录的数据计算回转电导，并根据结果说明回转电导与频率及负载电阻大小是否有关系？

实验六　有源滤波器

一、实验目的

（1）了解运算放大器的一个用途——组成有源滤波器；

（2）对比有源、无源滤波器的滤波特性，并初步分析两种特性的不同；

（3）利用集成运算放大器、电阻和电容组成低通滤波、高通滤波、带通滤波，通过测试进一步熟悉它们的幅频特性。

二、实验原理及说明

由 RC 元件与有源器件组成的滤波网络称为有源滤波器。有源滤波器可以十分容易地用运算放大器和电阻、电容元件来实现。

1. 有源低通滤波器

有源低通滤波器电路如图 3.6-1 所示。

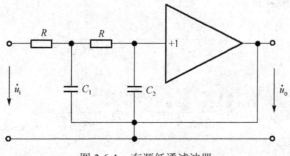

图 3.6-1　有源低通滤波器

图 3.6-1 所示电路可等效为图 3.6-2，即相当于在 C_1 支路中串联一个电压源，电压源的电压大小等于 U_o。当 $U_i = 1V$ 时，如果不串入 E，则 U_o 接近于 0.9V（低频时）；当串入 $E = 0.9V$ 电压源后，由叠加原理可知，U_o 显然会增高一些，这样便改善了低频下的特性。

在高频下，当 $U_i = 1V$ 时，如不串入 E，则 U_o 在 0.005V 左右，当串入 $E = 0.005V$ 后，由于 $E \ll U_i$，E 经过 RC_2 那一级的衰减，不会对输出电压产生显著的影响。这样可以定性地看出，采用这种线路会改善低频特性。

图 3.6-1 中放大倍数为+1 的放大器可采用运算放大器，连接如图 3.6-3 所示。

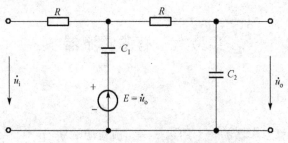

图 3.6-2　有源低通滤波器等效电路

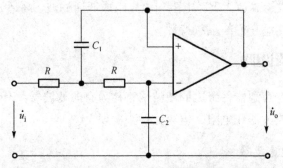

图 3.6-3　放大倍数为+1 的有源低通滤波器

该电路的幅频特性为：

$$h = \left| \frac{1}{1 - \omega^2 R^2 C_1 C_2 + \mathrm{j}2\omega R C_2} \right|$$

令

$$f_1 = \frac{1}{2\pi R \sqrt{C_1 C}}, \qquad f_2 = \frac{1}{4\pi R C_2}$$

则

$$h = \frac{1}{\sqrt{\left[1 - \left(\dfrac{f}{f_1}\right)^2\right]^2 + \left(\dfrac{f}{f_2}\right)^2}}$$

对数幅频特性为：

$$H = 20\lg h = -20\lg \frac{1}{\sqrt{\left[1 - \left(\dfrac{f}{f_1}\right)^2\right]^2 + \left(\dfrac{f}{f_2}\right)^2}}$$

由此可作出近似代表 H 的折线：

① 当 $f<f_1$ 时，且 $f_1 \approx f_2$ 时，$H \approx -20\lg 1 = 0$，可作水平线 A，如图 3.6-4 所示；

② 当 $f>f_1$ 时，且 $f_1 \approx f_2$ 时，

$$H \approx -20\lg\sqrt{\left(\frac{f}{f_1}\right)^4 + \left(\frac{f}{f_2}\right)^2} \approx -20\lg\sqrt{\left(\frac{f}{f_1}\right)^4} = -40\lg\frac{f}{f_1}$$

由此可作出直线 B，它的斜率为 −40/十倍频，且通过 $H=0$、$f/f_1=1$ 的一点，见图 3.6-4。

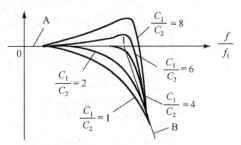

图 3.6-4　H 的折线

在拐角频率 f_1 的左右，可以把 f_1 代入，此时

$$H|_{f_1} = -10\lg 4\frac{C_2}{C_1}$$

输出电压的大小决定于 C_1/C_2 的值。当 $C_1/C_2 > 4$ 时，$H|_{f_1} > 0$，即幅频特性可以有一个局部的隆起，见图 3.6-4。适当选择 C_1 与 C_2 的比值，即可得到相当逼近于折线的滤波特性。

本次实验中，我们选 $C_1/C_2 = 2$。当 $f=f_1$ 时，有源低通滤波器的 H 值为

$$H|_{f_1} = -10\lg 4\frac{C_2}{C_1} = -10\lg 2 \approx -3\text{dB}$$

如不采用有源滤波器，把 $\omega = \omega_1 = \dfrac{1}{R\sqrt{C_1 C_2}}$ 代入，滤波器的 H 值为

$$H|_{f_1} = -20\lg\left(\sqrt{\frac{C_1}{C_2}} + 2\sqrt{\frac{C_2}{C_1}}\right) = -20\lg 2.8 = -9\text{dB}$$

后者衰减更多，所以前者的滤波性能比后者显著改善。这一点在实验结果里可以明显看到。

2．有源高通滤波器

用运算放大器组成的有源高通滤波器，如图 3.6-5 所示。

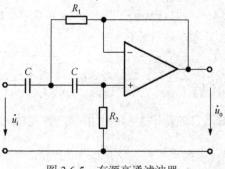

图 3.6-5　有源高通滤波器

该电路的幅频特性为：

$$h = \left| \frac{1}{1 - \dfrac{1}{\omega^2 R_1 R_2 C^2} + \mathrm{j}\dfrac{1}{\omega R_2 C}} \right|$$

令

$$f_1 = \frac{1}{2\pi C \sqrt{R_1 R_2}}, \qquad f_2 = \frac{1}{\pi R_2 C}$$

则

$$h = \frac{1}{\sqrt{\left[1 - \left(\dfrac{f_1}{f}\right)^2\right]^2 + \left(\dfrac{f_2}{f}\right)^2}}$$

对数幅频特性为：

$$H = 20\lg h = -20\lg \frac{1}{\sqrt{\left[1 - \left(\dfrac{f_1}{f}\right)^2\right]^2 + \left(\dfrac{f_2}{f}\right)^2}}$$

由此可作出近似代表 H 的折线：

① 当 $f > f_1$ 时，且 $f_1 \approx f_2$ 时，$H \approx -20\lg 1 = 0$，可作水平线 A;

② 当 $f < f_1$ 时，且 $f_1 \approx f_2$ 时，

$$H \approx -20\lg \sqrt{\left(\frac{f_1}{f}\right)^2} = -40\lg \frac{f_1}{f} = 40\lg \frac{f}{f_1}$$

由此可作出直线 B,它是一条斜率为 40/十倍频的直线，而且通过 $H = 0$、$\dfrac{f}{f_1} = 1$

的一点。H 的折线特性见图 3.6-6，可见 f_1 为拐角频率，图上还画出了 $R_2 = 4R_1$ 时

的实际特性。由图可见，采用运算放大器后，可使滤波器的实际特性十分逼近理想特性。

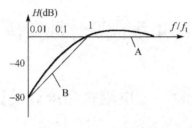

图 3.6-6　H 的折线特性

三、仪器设备

（1）功率信号发生器；

（2）交流毫伏表；

（3）电路分析实验箱。

四、预习要求

（1）已知图 3.6-3 有源低通滤波器电路的参数为：$R = 10\text{k}\Omega$，$C_1 = 0.15\mu\text{F}$，$C_2 = 0.075\mu\text{F}$，计算拐角频率 f_1 并画出此滤波器的折线特性。画图时，取 $f_1 = 150\text{Hz}$，以便于与无源低通滤波器的特性相比较。以后该滤波器的实验结果也画在这张图上。

（2）将图 3.6-2 电路中的等效电压源去掉并用短路线将电路连接好，电路参数：$R = 10\text{k}\Omega$，$C_1 = 0.15\mu\text{F}$，$C_2 = 0.075\mu\text{F}$，计算拐角频率 f_1 并画出此滤波器的折线特性。

（3）已知图 3.6-5 有源高通滤波器电路的参数是：$C = 0.2\mu\text{F}$，$R_1 = 2.5\text{k}\Omega$，$R_2 = 10\text{k}\Omega$，计算拐角频率 f_1，并画出折线特性（坐标的取法与前相同）。

（4）拟出测量以上三个电路的对数幅频特性的记录表格。给定 $f/f_1 = 0.02$，0.05，0.1，0.2，0.5，1.0，2.0，5.0，10.0，20.0。

五、实验任务

（1）分别按照预习要求中的（1）和（2）完成对低通滤波器幅频特性的测量。

（2）测量图 3.6-5 中电路对数幅频特性。

六、思考题

（1）在相同电路参数下，有源滤波器和无源滤波器的幅频特性有什么不同？

（2）用波特图描述电路幅频特性有什么好处？

第 4 章　设计性实验

实验一　电阻式温度计设计

一、实验目的

（1）熟悉电桥电路的应用；

（2）了解半导体热敏电阻的主要特性；

（3）练习在给定任务下，自行计算元件参数，并进行安装及调试。

二、仪器设备

学生自选仪器设备。

三、预习要求

（1）根据"实验内容"中给定的任务和条件，确定电路，计算元件值，列出所需仪器设备。

（2）根据给定的电路和实验注意事项（2）中给定的数据，将 $0\sim100\mu A$ 的电流表表盘改成指示 $0\sim100℃$ 的温度计表盘。

四、设计内容

试制作一个电阻温度计，用以测量 $0\sim100℃$ 的温度，测量元件采用热敏电阻 R501，温度指示用 $100\mu A$ 电流表（内阻按 800Ω 计算）。电源电压为 1.5V。在确定电路和元件数值后，自行安装电阻温度计电路，根据计算结果在电流表上确定相应的温度刻度，最后进行实验校验。

五、实验注意事项

（1）电流表内阻是略小于 800Ω 的，为了计算方便，可选用整数，它可以通过与电流表串联的电位器来调节。

（2）热敏电阻的标称值是 $t = 25℃$ 时的电阻值，标称值是 1kΩ 的热敏电阻 R501 在不同温度时的电阻值，如表 4.1-1 所示。

表 4.1-1　不同温度时的阻值

$t/℃$	0	10	20	30	40	50	60	70	80	90	100
R/Ω	3000	1850	1180	800	550	350	240	180	140	110	80

实验二　基于 555 的波形发生器

一、实验目的

（1）深刻领会 555 集成电路特性和应用；

（2）学习波形发生器的原理及设计方法；

（3）掌握微分器、积分器、比较器等基本电路的原理及其应用方法；

（4）在学习掌握本设计型实验预备知识的基础上，设计满足任务要求的电路，并实现电路的仿真、制作和调试。

二、仪器设备

学生自选仪器设备。

三、预习要求

（1）了解正弦波、脉冲波形发生器的工作原理与调试方法。

（2）掌握示波器测量信号幅度和周期的方法。

（3）查阅相关应用背景实例资料，学习电路理论中有关波形产生的相关知识及其工程应用。

（4）查阅文献，叙述波形发生器的工程应用背景。

（5）分析基于集成芯片 555 的电路设计方法，研究不同波形产生的原理及电路参数设计依据。

（6）根据设计内容，对测试过程完成设计并且完成测试数据记录表格设计。

四、设计内容

设计一个正弦波、脉冲波波形发生器。

任务要求如下：

（1）设计正弦波、脉冲波波形发生器的电路图。

（2）查阅所需设备、元器件并列出清单。

（3）脉冲波形产生电路，要求脉冲宽度可调；正弦波发生器的正弦波输出幅度可调。

（4）对设计电路进行 Multisim 软件仿真。

（5）整体电路制作与调试实现。

（6）功能扩展电路设计及分析（附加）。

实验三　波形变换器的设计、制作和测试

一、实验目的

（1）设计一个 RC 微分电路，将方波变换成尖脉冲波；

（2）设计一个 RC 积分电路，将方波变换成三角波。

二、仪器设备

学生自选仪器设备。

三、预习要求

1. 了解积分电路、微分电路的工作原理

（1）微分电路

在数字电路中，微分电路是一种常用的波形变换电路，它可将矩形脉冲（或方波）电压变换成脉冲电压。图 4.3-1 所示是一种最简单的微分电路，它实际上是一个对时间常数有一定要求的 RC 串联分压电路。当电路时间常数远小于输入的矩形脉冲宽度时，则在脉冲作用的时间 T_0 内，电容器暂态过程可以认为早已结束，于是暂态电流或电阻或电阻上的输入电压就是一个正向尖脉冲。在矩形脉冲结束时，输入电压跳至零，电容器放电，放电电流在电阻上形成一个负向尖脉冲。因时间常数相同，所以正负尖脉冲波形相同。由于 $T_0 \gg RC$，所以暂态持续时间极短，电容电压波形近似输入矩形脉冲波，故有 $u_c(t) \approx u_1(t)$。

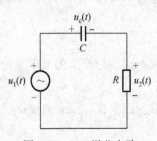

图 4.3-1　RC 微分电路

因为 $\qquad i_c(t) \approx C \dfrac{\mathrm{d}u_{c(t)}}{\mathrm{d}t}$，

所以 $\qquad u_2(t) = RCi_c(t) = RC\dfrac{\mathrm{d}u_c(t)}{\mathrm{d}t} \approx RC\dfrac{\mathrm{d}u_1(t)}{\mathrm{d}t}$。

该式说明输出电压 $u_2(t)$ 近似与输入电压 $u_1(t)$ 的导数成正比，这就是微分电路名称的由来。

设计微分电路时，通常要使脉冲宽度 T_n 至少大于 τ 的五倍以上，即 $T_n \geqslant 5RC(\tau = RC)$，若取 $R = R_0$，则 $C \leqslant T_0 / 5R_0$，这样看来，选取愈小，输出电压愈接近输入电压的微分。

（2）积分电路

积分电路也是一种常用的波形变换电路，它可以将矩形波变换成三角波的一种电路。最简单的积分电路也是一种电容和电阻的串联分压电路，只是它的输出是电容两端电压，且电路的时间常数远大于脉冲持续时间 T_0。

因输出电压： $\qquad u_2(t) = u_c(t) = \dfrac{1}{C}\displaystyle\int i(\tau)\mathrm{d}\tau$

所以 $\qquad u_2(t) = \dfrac{1}{C}\displaystyle\int \dfrac{u(\tau)}{R}\mathrm{d}\tau = \dfrac{1}{RC}\displaystyle\int u_1(\tau)\mathrm{d}\tau$

也就是说，输出电压 $u_2(t)$ 近似与输入电压 $u_1(t)$ 的积分成正比，这就是积分电路名称的由来。如果将积分电路的充电和放电回路的时间常数设计得不一样，例如充电时间常数小而放电时间常数大（或相反），则积分电路还可以将矩形脉冲电压换为锯齿波电压。设计积分电路，通常要求电路时间常数大于脉冲宽度的五倍以上，即 $\tau = RC \geqslant 5T_0$。

2．分析微分电路和积分电路与一般的 RC 电路有何区别

四、设计内容

（1）RC 微分电路的设计

设计一个微分电路，使频率为 5kHz、幅度为 2V（峰值）的方波电压通过此电路变为尖脉冲电压。给定 $R = 6k\Omega$，试计算电容的选取范围。选择三个不同大小的 C 值（其中一个在计算范围以外），观察输入、输出波形并记录下来。

（2）RC 积分电路的设计

设计一个积分电路，使频率为 5kHz、幅度为 2V（峰值）的方波电压通过此电路变为三角波电压。给定电容 $C = 0.01\mu F$，试计算电阻的选取范围。选择三个不同大小的 R 值（其中一个在计算范围以外），观察输入、输出波形并记录下来。

（3）积分电路输出特性实验

将上述积分电路输入矩形脉冲，频率仍然为 5kHz，幅度不变，脉冲宽度 $T_n = T/4$，其中 T 为脉冲重复周期，输出波形并记录下来。

实验四　简易电容降压式电源

一、实验目的

（1）掌握电容降压式电源的分析方法，体会电容在电容降压式电源中的特性和作用；

（2）学习掌握电源的电流、电压设计方法，掌握电源设计中功率指标的要求；

（3）加深对电路定理和分析方法在工程应用中的理解；

（4）学习了解直流稳压电源的电路组成和原理；

（5）在学习掌握本研究型实验提示内容的基础上，设计满足任务要求的电路，并实现电路的仿真、制作和调试。

二、仪器设备

学生自选仪器设备。

三、预习要求

电子设备一般都需要直流电源供电，尤其是当电子设备中含有微处理器、传感检测电路、电压比较电路、采样保持电路和数字逻辑电路等功能电路时，低压直流电源是必不可少的。电子设备中的直流电除了少数直接利用干电池和直流发电机外，大多数是采用把交流电（市电）转变为直流电来获得的。

在通常的工业生产、系统控制、计算机应用、民用电器产品等各种工程和实际应用中，基本上都采用交流供电，因此，必须以交流供电系统为电力来源获得直流电，最常用的方式是采用直流稳压电源形式获得直流电。直流稳压电源具有输出直流电压稳定、纹波小、输入与输出隔离、使用安全可靠等优点，但是其结构相对复杂、成本高。采用电容器降压式的低压电源具有体积小、成本低、结构简单可靠、效率高等特点，缺点是不如含有变压器变压的直流稳压电源安全，输出功率相对较小。例如冰箱电子温控器、智能调光器等电子产品的电源都是采用电容器降压式电源。

（1）熟练掌握正弦稳态电路的分析方法与应用。

（2）领会电容和电感元件的阻抗随频率变化的特性和应用。

（3）了解和掌握稳压二极管的特性和应用。

（4）领会整流二极管的单向导通特性的应用。

四、设计任务

1. 基本命题

设计一个输出电压为 3V，输出电流为 15mA 的简易电容降压式电源，输入为 220V/50Hz 工频交流电。

任务要求：

（1）设计电容降压式电源的电路。

（2）阅读检索参考文献，确定和选择电路中各元件的参数和型号。

（3）对电路设计进行 Multisim 软件仿真。

（4）整体电路制作与调试实现。

（5）测量当负载分别为 10Ω、470Ω 和 5kΩ 电阻时，电路中的输出电压、输出电流，以及稳压二极管上电流变化情况，与软件仿真结果比较、分析。

（6）实验研究当负载分别接入感性负载和容性负载时，电路中的输出电压、输出电流，以及稳压二极管上电流变化情况，并分析原因。

2. 扩展命题

设计一个输出电压为 3V，输出电流为 15mA 的直流稳压电源，输入为 220V/50Hz 工频交流电。

任务要求：

（1）设计直流稳压电源的电路。

（2）阅读检索参考文献，确定和选择电路中各元件的参数和型号。

（3）对电路设计进行 Multisim 软件仿真。

（4）整体电路制作与调试实现。

（5）测量当负载分别为 10Ω、470Ω 和 5kΩ 电阻时，电路中的输出电压、输出电流，以及稳压二极管上电流变化情况，与软件仿真结果比较、分析。

（6）实验研究当负载分别接入感性负载和容性负载时，电路中的输出电压、输出电流，以及稳压二极管上电流变化情况，并分析原因。

（7）用所得实验数据比较直流稳压电源与电容降压式电源之间的优缺点。

五、实验注意事项

（1）使用电容降压式电源时，需要注意电容降压式电源没有与交流输入隔离，在实验中应该严防触电。

（2）降压式（限流）电容须接于火线，耐压要足够大（大于 400V）。

（3）泄放电阻的选择必须保证在要求的时间内泄放掉电容上的电荷。

实验五　　音响音调调节器

一、实验目的

（1）加强掌握含有理想运算放大器的动态电路的分析方法和应用；

（2）学习掌握音调控制电路的工作原理；

（3）掌握音调调节电路的高频和低频特性的调节方法，加深理解其在工程实践中的应用；

（4）根据理想运算放大器的功能和原理，结合实际应用情况，学习电路频率特性的分析方法，以及含有理想运算放大器的电路的频率特性；

（5）学习掌握音调调节电路中对于低频、中频和高频信号的处理方法；

（6）在学习掌握本研究性实验提示内容的基础上，设计满足任务要求的电路，并实现电路的仿真、制作和调试。

二、仪器设备

（1）双踪示波器；

（2）双路可调直流稳压电源；

（3）多波形信号发生器；

（4）万用表。

三、预习要求

音调控制器的作用是控制、调节音响设备输出频率的特性，是决定音响设备性能的主要功能模块之一。音调调节电路可以根据听音者自己的听音爱好，通过对声音某部分频率信号进行提升和衰减，使整个的声场更加符合听音者对听觉的要求。

一般音响系统中通常设有低音调节和高音调节两个按钮，用来对音频信号中的低频分量和高频分量进行提升或衰减。目前比较高档的音响设备中多采用多频段频率的均衡方式，以便达到更细致地校正频响的效果，也有应用数字化技术来实现音响音调调节的数字功放等新技术的应用。

（1）掌握 RC 动态电路的分析。

（2）掌握电路频率特性的分析和应用。

（3）了解音调调节电路的高频和低频特性的调节方法。

（4）掌握有关音调调节的相关基础知识。

四、设计内容

设计一个音调调节器。

任务要求：

（1）设计一个音调调节器的电路图。

（2）选择合适的电路元件和元件参数。

（3）对电路设计进行 Multisim 软件仿真。

（4）整体电路制作与调试实现。

（5）根据选择的元件参数，通过理论计算确定电路的各个关键截止频率的取值。

（6）以多波形信号发生器为信号源，改变信号源输出频率，通过示波器观测各个截止频率的取值，并与理论计算结果进行比较。

（7）比较（5）和（6）的结果误差情况，并分析原因。

（8）实验测试音调调节器的调节作用，以及两个滑线变阻器调节功能。

五、实验注意事项

（1）注意滑线变阻器的参数选择和端子接法，分清调节滑线变阻器时阻值的变化趋势，以及对音调调节的作用。

（2）在实验测试时，应注意避免前级电路对音调调节的影响，接入的前级电路的输出阻抗必须尽可能地小，应与本级电路输入阻抗互相匹配。

实验六　简易门铃设计

一、实验目的

（1）加深对电路定理和分析方法在工程应用中的理解；

（2）在学习掌握本设计型实验预备知识的基础上，设计满足任务要求的电路，并实现电路的仿真、制作和调试。

二、仪器设备

学生自选仪器设备。

三、预习要求

（1）熟练掌握 555 集成电路的原理与应用。

（2）掌握电路分析的基本方法和理论。

（3）掌握动态电路响应的概念及理论分析方法。

四、设计内容

设计一个简易门铃。

任务要求：

（1）查阅资料，设计简易门铃电路，选择并计算电路中元件的参数和型号。

（2）门铃鸣叫时间可调。

（3）对电路设计进行 Multisim 软件仿真。

（4）整体电路的制作与调试实现。

（5）扩展功能电路设计及分析（附加）。

实验七　移相器的设计与测试

一、实验目的

（1）通过设计掌握移相器的原理和设计方法；

（2）通过实验掌握移相器性能的调整与测试方法。

二、设计原理

在正弦信号激励下，当电路达到稳态后，电路输出端对激励信号的响应称为正弦响应。通常响应信号（即输出信号）与激励信号（也就是输入信号）之间存在有一定的相位差，这种相位差是由于电路中存在的动态元件对激励信号的响应需要一定的过程而引起的。响应信号与激励信号之间相移量的大小取决于电路的形式和元件参数。采用相量法可以方便地分析出各种正弦稳态电路中的元件与信号响应相移量之间的关系，以便确定相移电路的设计参数。几种常见的正弦稳态相移电路有：

（1）RLC 电路

RLC 串联正弦稳态电路如图 4.7-1 所示。设其输入电压 $u_s(t)=\sqrt{2}U_s\cos\omega t$，该电路的阻抗为：

$$Z=R+j\omega L+\frac{1}{j\omega C}=\sqrt{R^2+\left(\omega L-\frac{1}{\omega C}\right)^2}\angle\arctan\frac{\omega L-\dfrac{1}{\omega C}}{R}=Z\angle\theta_z$$

在 $u_s(t)$ 激励下，电路中的电流为

$$\dot{I}=\dot{U}_S/Z=I\angle\varphi$$

$$I=\frac{U_S}{Z}$$

$$Z=\sqrt{R^2+\left(\omega L-\frac{1}{\omega C}\right)^2}$$

$$\varphi=-\theta_z=-\arctan\frac{\omega L-\dfrac{1}{\omega C}}{R}$$

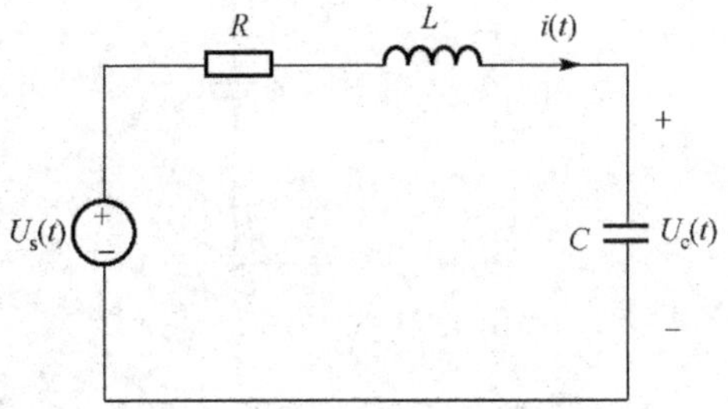

图 4.7-1　RLC 串联正弦稳态电路

根据阻抗角 φ 的正负，就可以判断电流 $i(t)$ 与电压 $u_s(t)$ 之间的相位关系。

① 当 $\omega L>1/\omega C$ 时，$\theta_z>0$，则 $\varphi<0$，说明电流滞后激励电压。

② 当 $\omega L<1/\omega C$ 时，$\theta_z<0$，则 $\varphi>0$，说明电流超前激励电压。

③ 当 R 从 0 变到 ∞ 时，若 $\omega L>1/\omega C$，则 φ 从 $-90°$ 变到 $0°$；若 $\omega L<1/\omega C$，则 φ 从 $90°$ 变到 $0°$。

当 $\omega L>1/\omega C$，R 为某一定值时，回路中各元件两端的电压和回路电流之间的相位关系示于图 4.7-2 中。由图可以看出，回路中的电流和各元件两端的电压与激励信号之间具有不同的相位关系。因此，如果将电流或电路中任一元件两端的电压作为激励源的输出相应，那么 RLC 电路就是激励源的一个移相器。

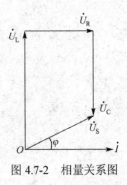

图 4.7-2　相量关系图

对于 RLC 并联电路,同样可以证明,回路两端的电压和流过回路中各元件的电流与激励信号之间有不同的相位关系。当 R 从 0 到 ∞ 变化时,上述的电压、电流与激励源信号之间的相位差也随之发生变化。

（2）RC 电路

在图 4.7-3 所示的 RC 电路中,如果激励信号 $u_s(t) = \sqrt{2}U_S \cos\omega t$,那么电容两端电压响应的相量表达式为:

$$\dot{U}_C = \frac{\dot{U}_S}{1 + j\omega RC} = \frac{U_S}{\sqrt{(1 + \omega RC)^2}} \angle - \arctan\omega RC$$

由此可见,在 RC 电路中,电容两端的响应电压总是滞后于激励源电压。当 ω 一定时,若 R 从 0 到 ∞ 变化,则 $\dot{U}_C$ 与激励源电压 $\dot{U}_S$ 之间的相位差将从 0° 变到 −90°。

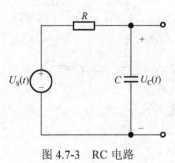

图 4.7-3　RC 电路

同样可以证明,在 RC 电路中,电阻两端的响应电压 $\dot{U}_R$ 总是超前激励源电压。当 ω 一定时,若 R 从 0 变到 ∞,则 $\dot{U}_R$ 和 $\dot{U}_S$ 之间的相位差将从 90° 变到 0°。

由上分析可以看出,上述几种电路各元件上的响应电压与激励源输入电压之间存在有相位差,而且当 R 的数值变化时,这一相位差也随着变化。因此这些电路可以用做移相器。不过这些电路的移相范围都不超过 90°,而且它们的信号响应幅度还会随 R 数值的改变而变化。

（3）桥式移相电路

桥式移相电路如图 4.7-4 所示,设图中的激励电压 $u_s(t) = \sqrt{2}U_S \cos\omega t$,电路输出的响应电压 $u_2(t)$ 的相量表达式为:

$$\dot{U}_2 = \dot{U}_{cb} - \dot{U}_{db}$$

式中：
$$\dot{U}_{cb} = \frac{R}{R+R}\dot{U}_{S} = \frac{1}{2}\dot{U}_{S}$$

$$\dot{U}_{db} = \frac{\dfrac{1}{j\omega C}}{R_{1} + \dfrac{1}{j\omega C}}\dot{U}_{S} = \frac{1}{1 + j\omega R_{1}C}\dot{U}_{S}$$

将 $\dot{U}_{cb}$ 和 $\dot{U}_{db}$ 代入 $\dot{U}_2$ 式中，经计算可得：

$$\dot{U}_2 = \dot{U}_{cd} = \dot{U}_{cb} - \dot{U}_{db} = \frac{-1 + j\omega R_1 C}{2(1 + j\omega R_1 C)}\dot{U}_s$$

$$\dot{U}_2 = U_2\angle(\varphi + \varphi_{u_s}) = U_2\angle\varphi_2$$

式中
$$U_2 = \frac{\sqrt{(-1)^2 + (\omega R_1 C)^2}}{2\sqrt{(1)^2 + (\omega R_1 C)^2}}U_s = \frac{U_s}{2}$$

电路的相移为：$\varphi = \varphi_2 - \varphi_{u_s} = \arctan\dfrac{2\omega R_1 C}{(\omega R_1 C)^2 - 1}$

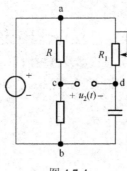

图 4.7-4

当电位器的数值从 0 变到 ∞ 时，输出端电压 $\dot{U}_2$ 对 $\dot{U}_S$ 的相位差 φ 从 $180°$ 变到 $0°$，而 $\dot{U}_2$（即 $\dot{U}_{cd}$）的振幅始终不变，即 $U_2 = U_S / 2$，如图 4.7-5 所示。

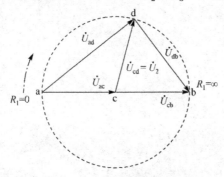

图 4.7-5　桥式移相电路相量图

三、仪器设备

由设计者提出。

四、设计内容

1. 设计任务和要求

（1）已知移相器输入正弦波信号的幅度为 1V，信号频率为 10kHz。

（2）设计一移相器，其输出电压相对于输入电压的相移为 2°～180°范围内连续可调。

（3）要求移相器输出的信号幅度不变。

（4）设计、安装、调试完成之后，电路性能应满足设计要求。

2. 设计、安装、调试步骤

（1）讨论、选取移相电路类型。

（2）计算电路元件参数（R 可在 2kΩ 到 4.7kΩ 之间选取）。

（3）校核元件参数，列出实验仪器及器材清单。

（4）安装、调试设计电路，记录测试结果。

附录 A　常用电子仪器介绍

A.1　数字万用表

UT39A、B、C 是 $3\frac{1}{2}$ 位手持式数字万用表，功能齐全，性能稳定，结构新潮，安全可靠。整机电路设计以大规模集成电路、双积分 A/D 转换器为核心，并配以全功能过载保护，可用于测量交直流电压和电流、电阻、电容、温度、频率、二极管正向压降及电路通断，具有数据保持和睡眠功能。该仪表配有保护套，使其具有足够的绝缘性能和抗震性能。

一、综合指标

数字万用表的综合指标如表 A.1-1 所示。

表 A.1-1　数字万用表的综合指标

基本功能	量程	基本精度
直流电压	200mV/2V/20V/200V/1000V	±(0.5%+1)
交流电压	2V/20V/200V/750V	±(0.8%+3)
直流电流	20A/200A/2mA/20mA/200mA/10A	±(0.8%+1)
交流电流	200A/20mA/200mA/10A	±(1%+3)
电阻	200/2k/20k/200k/2M/200M	±(0.8%+1)
电容	2F	±(4%+3)
特殊功能		
二极管测试		√
通断蜂鸣		√
三极管测试		√
睡眠模式		√
低电压显示		√
电压输入阻抗	10MΩ	√
最大显示	1999	√
数据保持		√

二、面板操作键使用说明

数字万用表操作键布局如图 A.1-1 所示。

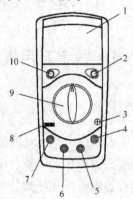

图 A.1-1　数字万用表操作键布局

操作键说明如下：

1. LCD 显示器

2. 数据保持选择按键

3. 晶体管放大倍数测试输入座

4. 公共输入端

5. 其余测量输入端

6. mA 测量输入端

7. 20A/10A 电流输入端

8. 电容测试座

9. 量程开关

10. 电源开关

显示面板标识如图 A.1-2 所示，标识说明如表 A.1-2 所示。

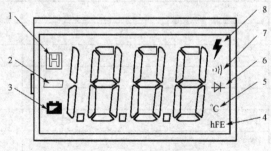

图 A.1-2　显示面板标识

表 A.1-2　显示面板标识说明

1	**H**	数据保持提示符
2	▬	显示负的读数
3	🔋	电池欠压提示符
4	HFE	晶体管放大倍数提示
5	℃	温度：摄氏符号
6	▸⊢	二极管测量提示符
7	·)))	电路通断测量提示符
8	⚡	高压提示符

三、安全操作准则

（1）使用前应检查仪表及表笔，谨防任何损坏或不正常现象。如发现任何异常情况，如表笔裸露、机壳破裂，或者您认为仪表已无法正常工作，请勿再使用仪表。

（2）表笔破损必须更换，并换上同样型号或相同电气规格的表笔。在使用表笔时，您的手指必须放在表笔手指保护环之后。

（3）不要在仪表终端及接地之间施加 1000V 以上的电压，以防电击和损坏仪表。

（4）当仪表在 60V 直流电压或 30V 交流有效值电压下工作时，应多加小心，此时会有电击的危险。

（5）后壳没有盖好前严禁使用仪表，否则有电击的危险。

（6）更换保险丝或电池时，在打开后壳或电池盖前应将表笔与被测量电路断开，并关闭仪表电源。

（7）仪表长期不用时，应取出电池。

（8）必须使用同类标称规格的快速反应保险丝更换已损坏的保险丝。

（9）应将仪表置于正确的挡位进行测量，严禁在测量进行中转换挡位，以防损坏仪表。

（10）不允许使用电流测试端子或在电流挡去测试电压。

（11）电压输入端子和地之间的最高电压：1000V。

（12）mA 端子的保险丝：φ5×20-F 0.315A/250V

（13）10A 或 20A 端子：无保险丝。

（14）量程选择：手动。

（15）最大显示：1999，每秒更新 2~3 次。

（16）极性显示：负极性输入显示-符号。

（17）过量程显示：1。

（18）被测信号不允许超过规定的极限值，以防电击和损坏仪表。

（19）请勿随意改变仪表内部接线，以免损坏仪表和危及安全。

（20）不要在高温，高湿环境中使用，尤其不要在潮湿环境中存放仪表，受潮后仪表性能可能变劣。

（21）维护保养请使用湿布和温和的清洁剂清洁仪表外壳，不要使用研磨剂。

四、操作说明

仪表具有电源开关，同时设置有自动关机功能，当仪表持续工作约 15 分钟后会自动进入睡眠状态，因此，当仪表的 LCD 上无显示时，首先应确认仪表是否已自动关机。

1. 直流电压测量（见图 A.1-3）

（1）将红表笔插入 VΩ 插孔，黑表笔插入 COM 插孔。

（2）将功能开关置于 V 量程挡。

注意：

不知被测电压范围时，请将功能开关置于最大量程，根据读数需要逐步调低测量量程挡。

当 LCD 只在最高位显示 1 时，说明已超量程，须调高量程。

不要输入高于 1000V 或 750Vrms 的电压，显示更高电压值是可能的，但有损坏仪表内部线路的危险。

测量高电压时，要格外注意，以避免触电。

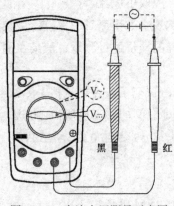

图 A.1-3　直流电压测量示意图

在完成所有的测量操作后，要断开表笔与被测电路的连接，并从仪表输入端拿掉表笔。

每一个量程挡，仪表的输入阻抗均为 10MΩ，这种负载效应在测量高阻电路时会引起测量误差，如果被测电路阻抗≤10kΩ，误差可以忽略（0.1%或更低）。

2. 交流电压测量

同直流电压测量。

3. 直流电流测量（见图 A.1-4）

（1）将红表笔插入 mA 或 10A 或 20A 插孔（当测量 200mA 以下的电流时，插入 mA 插孔；当测量 200mA 及以上的电流时，插入 10A 或 20A 插孔），黑表笔插入 COM 插孔。

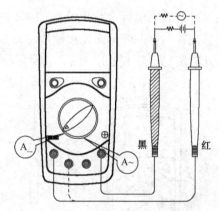

图 A.1-4　直流电流测量示意图

（2）将功能开关置 A 量程，并将测试表笔串联接入到待测负载回路里。

注意：

当开路电压与地之间的电压超过安全电压 60VDC 或 30Vrms 时，请勿尝试进行电流的测量，以避免仪表或被测设备的损坏，以及伤害到自己。因为这类电压会有电击的危险。

在测量前一定要切断被测电源，认真检查输入端子及量程开关位置是否正确，确认无误后，才可通电测量。

不知被测电流值的范围时，应将量程开关置于高量程挡，根据读数需要逐步调低量程。

若输入过载，内装保险丝会熔断，须予更换。

大电流测试时，为了安全使用仪表，每次测量时间应小于 10 秒，测量的间隔时间应大于 15 分钟。

4. 交流电流测量

同直流电流测量。

5. 电阻测量（见图 A.1-5）

（1）将红表笔插入 VΩ 插孔，黑表笔插入 COM 插孔。

（2）将功能开关置于 Ω 量程，将测试表笔并接到待测电阻上。

注意：

测在线电阻时，为了避免仪表受损，须确认被测电路已关掉电源，同时电容已放完电，方能进行测量。

在 200Ω 挡测量电阻时，表笔引线会带来 0.1～0.3Ω 的测量误差，为了获得精确读数，可以将读数减去红、黑两表笔短路读数值，为最终读数。

当无输入时，例如开路情况，仪表显示为 1。

在被测电阻值大于 1MΩ 时，仪表需要数秒后方能读数稳定，属于正常现象。

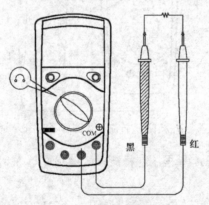

图 A.1-5　电阻测量示意图

6. 频率测量（UT39 C）

将红表笔插入 VΩ 插孔，黑表笔插入 COM 插孔。

7. 温度测量（UT39 C）

（1）将热电偶传感器冷端的"+"、"−"极分别插入"VΩ"插孔和"COM"插孔。

（2）将功能开关置于 TEMP（℃）量程，热电偶的工作端（测温端）置于待测物上面或内部。

8．电容测量（见图 A.1-6）

（1）将功能开关置于电容量程挡。

（2）将待测电容插入电容测试输入端，如超量程，LCD 上显示"1"，需调高量程。

注意：

如果被测电容短路或其容值超过量程时，LCD 上将显示 1。

所有的电容在测试前必须充分放电。

当测量在线电容时，必须先将被测线路内的所有电源关断，并将所有电容器充分放电。

如果被测电容为有极性电容，测量时应按面板上输入插座上方的提示符将被测电容的引脚正确地与仪表连接。

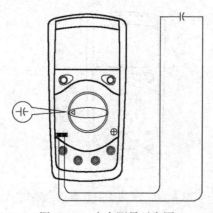

图 A.1-6　电容测量示意图

测量电容时应尽可能使用短连接线，以减少分布电容带来的测量误差。

每次转换量程时，归零需要一定的时间，这个过程中的读数漂移不会影响最终测量精度。

不要输入高于直流 60V 或交流 30V 的电压，避免损坏仪表及伤害到您自己。

9．二极管和蜂鸣通断测量（见图 A.1-7）

（1）将红表笔插入 VΩ 插孔，黑色表笔插入"COM"插孔。

（2）将功能开关置于二极管和蜂鸣通断测量挡位。

（3）如将红表笔连接到待测二极管的正极，黑表笔连接到待测二极管的负极，则 LCD 上的读数为二极管正向压降的近似值。

（4）如将表笔连接到待测线路的两端，若被测线路两端之间的电阻大于 70Ω，认为电路断路；被测线路两端之间的电阻 $\leqslant 10\Omega$，认为电路良好导通，蜂鸣器连续声响；如被测两端之间的电阻在 $10\sim70\Omega$ 之间，蜂鸣器可能响，也可能不响。同时 LCD 显示被测线路两端的电阻值。

注意：

如果被测二极管开路或极性接反（即黑表笔连接的电极为+，红表笔连接的电极为-）时，LCD 将显示 1。

用二极管挡可以测量二极管及其他半导体器件 PN 结的电压降，对一个结构正常的硅半导体，正向压降的读数应该在 $0.5\sim0.8V$ 之间。

为了避免仪表损坏，在线测试二极管前，应先确认电路已被切断电源，电容已放完电。

不要输入高于直流 60V 或交流 30V 的电压，避免损坏仪表及伤害到自己。

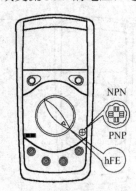

图 A.1-7　二极管电容测量示意图

10. 晶体管参数测量（hFE）

（1）将功能/量程开关置于 hFE。

（2）决定待测晶体管是 PNP 或 NPN 型，正确将基极（B）、发射极（E）、集电极（C）对应插入四脚测试座，显示器上即显示出被测晶体管的 hFE 近似值。

五、技术指标

准确度：±（a%读数+b 字数）

环境温度：23℃±5℃相对温度：< 75%

直流电压（见表 A.1-3）。

表 A.1-3　直流电压技术指标

量程	分辨力	准确度（a%+b 字数）
200mV	100μV	±(0.5%+1)
2V	1mV	
20V	10mV	
200V	100mV	
1000V	1V	±(0.8%+2)

输入阻抗：所有量程为 10MΩ。

过载保护：对于 200mV 量程为 250V DC 或 AC 有效值。

其余量程过载保护为：交流 750V 或直流 1000V。

交流电压（见表 A.1-4）。

表 A.1-4　交流电压技术指标

量程	分辨力	准确度（a%+b 字数）
2V	1mV	±(0.8%+3)
20V	10mV	
200V	100mV	
750V	1V	±(1.2%+3)

输入阻抗：所有量程为 10MΩ。

频率范围：40～400Hz。

过载保护：交流 750V 或直流 1000V。

显示：正弦波有效值（平均值响应）。

直流电流（见表 A.1-5）。

表 A.1-5　直流电流技术指标

量程	分辨力	准确度（a%+b 字数）
2mA	1μA	±(0.8%+1)
200mA	100μV	±(1.5%+1)
10A/20A	10mV	±(2%+5)

过载保护：

μAmA 量程：F 0.315A/250V 保险丝 UT39A，UT39B-10A；UT39C-20A 挡量程：无保险丝，每次测量时间应≤10 秒，间隔时间应≥15 分钟。

测量电压降：满量程为 200mV。

交流电流（见表 A.1-6）。

表 A.1-6　交流电流技术指标

量程	分辨力	准确度（a%+b 字数）
2mA	1μA	±(1%+3)
200mA	100μV	±(1.8%+3)
10A/20A	10mV	±(3%+5)

测量电压降：满量程为 200mV。

频率响应：40～400Hz。

显示：正弦波有效值（平均值响应）。

电阻（见表 A.1-7）。

表 A.1-7　电阻技术指标

量程	分辨力	准确度（a%读数+b 字数）
200Ω	0.1Ω	±(0.8%+3)
2kΩ	1Ω	±(0.8%+1)
20kΩ	10Ω	±(0.8%+1)
2MΩ	1kΩ	±(0.8%+1)
20MΩ	10kΩ	±(1%+2)

开路电压：≤700mV（200MΩ 量程，开路电压约为 3V）。

过载保护：所有量程 250V DC 或 AC 有效值。

注意：在 200MΩ 挡，表笔短路，显示器显示 10 个字是正常的，在测量中应从读数中减去这 10 个字。

电容（见表 A.1-8）。

表 A.1-8　电容技术指标

量程	分辨力	准确度（a%读数+b 字数）
2nF	1pF	±(4%+3)
200nF	0.1nF	±(4%+3)
20uF	10nF	±(4%+3)

过载保护：AC 250V

测试信号：约 400Hz，40mVrms

A.2 直流稳压电源（YB1732A）

一、技术指标

稳压电源技术指标如表 A.2-1 所示。

表 A.2-1 稳压电源技术指标

		主路	从路	固定输出
输出电压		0～30V		5V
输出电流		0～5A		3A
负载效应	CV	$5\times10^{-4}+2\text{mV}$		
	CC	20mA		
源效应	CV	$1\times10^{-4}+0.5\text{mV}$		
	CC	$1\times10^{-3}+5\text{mA}$		
波纹及噪声	CV	1mVrms		
	CC	1mArms		
输出调节分辨率	CV	20mV		
	CC	30mA		
漂移	CV	$1\times10^{-3}+2\text{mA}$		
	CC	$1\times10^{-3}+10\text{mA}$		
跟踪误差		±1%+10mA		
显示精度		数字电压表：±1%+2 个字，数字电流表：±2%+2 个字，机械表头：2.5 级		
工作温度		0～+40℃		
可靠性（MTBF）		2000 小时		
冷却方式		风扇冷却		

二、面板操作键使用说明

面板操作键布局图如图 A.2-1 所示。

面板操作键说明如下：

1. 电源开关（POWER）

2. 电压调节旋钮（VOLTAGE）

3. 恒压指示灯（C.V）

4. 输出端口（CH1）

5. 电流调节旋钮（CURRENT）

6. 恒流指示灯（C.C）

7. 输出端口（CH2）

8. 输出端口（CH3）

9. 输出端口（CH4）

10. 电压调节旋钮（VOLTAGE）

11. 恒压指示灯（C.V）

12. 电流调节旋钮（CURRENT）

13. 恒流指示灯（C.C）

14～17. 显示窗口

18. 电源独立，组合控制按钮

19. 电源串联，并联选择开关

18 开关按入，19 开关弹出，为串联跟踪，此时调节主电源电压调节旋钮 2，从路输出电压严格跟踪主路输出电压，使输出电压最高可达两路电压的额定值之和。18，19 开关同时按入，为并联跟踪，此时调节主电源电压调节旋钮 2，从路输出电压严格跟踪主路输出电压；调节主电源电流调节旋钮 5，从路输出电流跟踪主路输出电流，使输出电流最高可达两路电流的额定值之和。

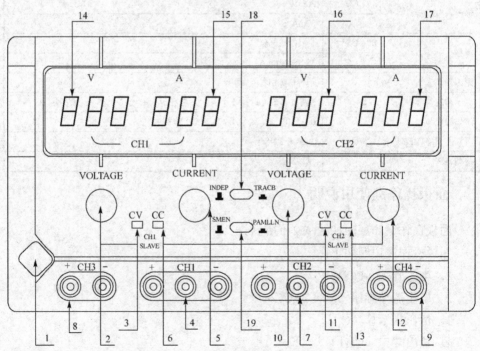

图 A.2-1　面板操作键布局图

三、使用方法

打开电源开关前先检查输入的电压，将电源线插入后面板的交流插孔，按表 A.2-2 所示设定各个按键。

表 A.2-2　面板操作键布局图

电源（POWER）	电源开关键弹出
电压调节旋钮（VOLTAGE）	调至中间位置
电流调节旋钮（CURRENT）	调至中间位置
跟踪开关（TRACK）	置弹出位置

所有控制键如上设定后，打开电源。

一般检查：

（1）调节电压调节旋钮，显示窗口显示的电压值应相应的变化。顺时针调节电压调节旋钮，指示值由小变大；逆时针调节，指示值由大变小。

（2）双路（CH1，CH2）输出端口应有输出。

（3）固定 5V 输出端口应有 5V 输出。

双路（CH1，CH2）输出可调电源的独立使用如下：

（1）将 18，19 开关分别置于弹起位置。

（2）可调电源作为稳压电源使用时，首先应将电流调节旋钮 5 和 12 顺时针调节到最大，然后打开电源开关 1，并调节电压调节旋钮 2 和 10，使从路和主路输出直流电压至需要的电压，此时稳压状态指示灯 3 和 11 发光。

（3）可调电源作为恒流源使用时，在打开开关 1 后先将电压调节旋钮 2 和 10 顺时针调节到最大，同时将电流调节旋钮 5 和 12 逆时针调节到最小，然后接上所需负载，顺时针调节旋钮 5 和 12，使输出电流至所需要的稳定电流值。此时恒压指示灯 3 和 11 熄灭，恒流指示灯 6 和 13 发光。

（4）在作为稳压源使用时，电流调节旋钮 5 和 12 一般调至最大。但是，本电源也可设置任意限流保护点。设定办法为：打开电源，逆时针将电流调节旋钮 5 和 12 调到最小。然后短接正负端子，并顺时针调节电流调节旋钮 5 和 12。使输出电流等于所要求的限流保护点的电流值，此时限流保护点就设定好了。

双路（CH1，CH2）输出可调电源的串联使用如下：

（1）将 18 开关按下，19 开关置于弹起，此时，调节主电源电压调节旋钮 2，从路的输出电压严格跟踪主路输出电压，使输出电压最高可达两路电压的额定值之和。

（2）在两路处于串联状态时，两路的输出电压由主路控制，但是两路的电流调节仍然是独立的。因此，在两路串联时应注意电流调节旋钮 12 的位置，如旋钮 12 在逆时针到底的位置或从路输出电流超过限流保护点，此时，从路的输出电压不再跟踪主路的输出电压。所以，一般两路串联时应将旋钮 12 顺时针调至最大。

双路（CH1，CH2）输出可调电源的并联使用如下：

（1）18 开关按下，19 开关也按下，此时电路电源并联，调节主电源电压调节旋钮 2，两路输出电压一样。同时，主路恒压指示灯 3 发光。从路恒压指示灯 11 熄灭。

（2）在电源处于并联状态时，从路电源的电流调节旋钮 12 不起作用，当电源做恒流源使用时，只需调节主路的电流调节旋钮 5。此时，主，从路的输出电流均受其控制并相同。其输出电流最大可达两路输出电流之和。

A.3　函数信号发生器（YB1600）

一、函数信号发生器（YB1600）简介

YB1600 函数信号发生器，是一种新型高精度信号源。具有数字频率计，计数器及电压显示功能，仪器功能齐全，各端口具有保护功能，有效防止了输出短路和外电路电流的倒灌对仪器的损坏，提高了整机系统的可靠性。

二、技术指标

（1）电压输出（见表 A.3-1）

表 A.3-1　电压输出技术指标

频率范围	0.2Hz～2MHz
频率分挡	七挡十进制
频率调整率	0.1～1
输出波形	正弦波，方波，三角波，脉冲波，谐波，50Hz 正弦波
输出阻抗	50Ω
输出信号类型	单频，调频，扫频
扫描频率	5s～10ms
VCF 电压范围	0～5V，压控比：≥100:1
外调频电压	0～3V$_{p\text{-}p}$
外调频频率	10Hz～20kHz
输出电压幅度	20V$_{p\text{-}p}$(1MΩ)，10V$_{p\text{-}p}$(50Ω)

（续表）

输出保护	短路，抗输入电压：±35V（1 分钟）
正弦波失真度	≤100k：2%；>100k：30dB
频率响应	±0.5dB
三角波线性	≤100kHz：98%；>100kHz：95%
对称度调节	20%～80%
直流偏置	±10V（1MΩ）；±5V（50Ω）
方波上升时间	100ns，5V_{p-p}1MHz
衰减精度	≤±3%
对称度对称频率影响	±10%
50Hz 正弦输出	约 2V_{p-p}

（2）TTL/CMOS 输出（见表 A.3-2）

表 A.3-2　TTL/CMOS 输出技术指标

输出幅度	"0"：≤0.6V；"1"：≥2.8V
输出阻抗	600Ω
短路，抗输入电压	±35V（1 分钟）

（3）频率计数（见表 A.3-3）

表 A.3-3　频率计数技术指标

测量精度	6 位±1%　±1 个字
分辨率	0.1Hz
阀门时间	10s，1s，0.1s
外测频范围	1Hz～10MHz
外测频灵敏度	100mV
计数范围	999999

（4）幅度显示

显示位数：三位

显示单位：V_{p-p} 或 mV_{p-p}

显示误差：±15%±1 个字

负载为 1MΩ 时：直读

负载电阻为 50Ω：读数÷2

分辨率：1mV：1mV_{p-p}(40dB)

三、面板操作键使用说明

函数信号发生器面板操作键布局如图 A.3-1 所示。

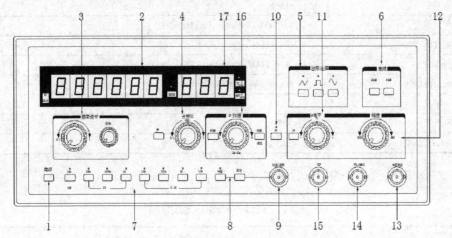

图 A.3-1　函数信号发生器面板操作键布局图

函数信号发生器面板操作键说明如下：

（1）电源开关（POWER）：将电源开关按键弹出即为"关"位置，将电源线接入，按电源开关，以接通电源。

（2）LED 显示窗口：此窗口指示输出信号的频率，当"外侧"开关按入，显示外侧信号频率，如超出测量范围，溢出指示灯亮。

（3）频率调节旋钮（FREQUENCY）：调节此旋钮改变输出信号的频率，顺时针旋转，频率增大，逆时针旋转，频率减小，微调旋钮可以微调频率。

（4）占空比（DUTY）：占空比开关，占空比调节旋钮，将占空比开关按入，占空比指示灯亮，调节占空比旋钮，可改变波形的占空比。

（5）波形选择开关（WAVE FORM）：按对应波形的某一键，可选择需要的波形。

（6）衰减开关（ATTE）：电压输入衰减开关，两挡开关组合为 20dB，40dB，60dB。

（7）频率范围选择开关（并兼频率计阀门开关）：根据所需频率，按其中一键。

（8）计数，复位开关：按计数按键，LED 显示开始计数，按复位键，LED 显示全为零。

（9）计数/频率端口：计数，外测频率输入端口。

（10）外测频开关：此开关按入，LED 显示窗口显示外测信号频率或计数值。

（11）电平调节：按入电平调节开关，电平指示灯亮，此时调节电平调节旋钮，可改变直流偏置电平。

（12）幅度调节旋钮（AMPLTUDE）：顺时针调节此旋钮，增大电压输出幅度。逆时针调节此旋钮可减少电压输出幅度。

（13）电压输出端口（VOLTAGE OUT）：电压输出由此端口输出。

（14）TTL/CMOS 输出端口：由此端口输出 TTL/CMOS 信号。

（15）VCF：由此端口输入电压控制频率变化。

（16）扫描：按入扫描开关，电压输出端口输出信号为扫频信号，调节速率旋钮，可改变扫频速率，改变线性/对数开关可产生线性扫频和对数扫频。

（17）电压输出指示：3 位 LED 显示输出电压值，输出接 50Ω 负载时应将读数÷2。

（18）50Hz 正弦波输出端口：50Hz 约 $2V_{p-p}$ 正弦波由此端口输出。

四、操作方法

打开电源开关之前，首先检查输入的电压，将电源线插入后面板的电源插孔，按表 A.3-4 所示设定各个控制键。

表 A.3-4　控制键设定方法

电源（POWER）	电源开关键弹出
衰减开关（ATTE）	弹出
外测频（COUNTER）	外测频开关弹出
电平	电平开关弹出
扫频	扫频开关弹出
占空比	占空比开关弹出

所有的控制键如上设定后，打开电源。函数信号发生器默认 10k 挡正弦波，LED 显示窗口显示本机输出信号频率。

1. 三角波、方波、正弦波产生

（1）将波形开关（WAVE FORM）分别按正弦，方波，三角波，此时示波器屏幕上将分别显示正弦波、方波、三角波。

（2）改变频率选择开关，示波器显示的波形及 LED 窗口显示的频率将发生明显的变化。

（3）幅度旋钮（AMPLTUDE）顺时针旋转至最大，示波器将显示的波形幅度 $\geqslant 20V_{p-p}$。

（4）将电平开关按入，顺时针旋转电平旋钮至最大，示波器波形向上移动，逆时针旋转，示波器波形向下移动，最大变化量±10V 以上。注意：信号超过±10V 或±5V（50Ω）时被限幅。

（5）按下衰减开关，输出波形将被衰减。

2．计数，复位

（1）按复位键，LED 显示全为 0。

（2）按计数键，计数/频率输入端输入信号时，LED 显示开始计数。

3．斜波产生

（1）波形开关置"三角波"。

（2）占空比开关按入指示灯亮。

（3）调节占空比旋钮，三角波将变成斜波。

4．外测频率

（1）按入外测开关，外测频率指示灯亮。

（2）外测信号由计数/频率输入端输入。

（3）选择适当的频率范围，由高程向低程选择合适的有效数，确保测量精度。当有溢出指示时，请提高一挡量程。

5．TTL 输出

（1）TTL/CMOS 端口接示波器 Y 轴输入端（DC 输入）。

（2）示波器将显示方波或脉冲波，该输入可做 TTL/CMOS 数字电路实验时钟信号源。

6．扫描（SCAN）

（1）按入扫描开关，此时幅度输出端口输出的信号为扫描信号。

（2）线性/对数开关，在扫描状态下弹出时为线性扫描，按入时为对数扫描。

（3）节扫描旋钮，可改变扫描速率，顺时针调节，增大扫描速率，逆时针调节，减慢扫描速率。

7．VCF（压控调频）

由 VCF 输入端口输入 0～5V 的调制信号，此时幅度输出端口输出为压控信号。

8．调频（FM）

由 FM 输入输出端口输入电压为 10Hz～20kHz 的调制信号，此时，幅度端口输出为调频信号。

9．50Hz 正弦波

由交流 OUTPUT 输出端口输出 50Hz 约 2V_{p-p} 的正弦波。

五、实验注意事项

（1）为了获得高质量的小信号（mV 级），可暂将"外测开关"置"外"以降低数字信号的干扰。

（2）外测频时，请选择高量程挡，然后根据测量值选择合适的量程，确保测量精度。

（3）电压幅度输出 TTL/CMOS 要尽可能避免长时间短路或电流倒灌。

（4）各输入端口，输入电压请不要高于±35V。

（5）为了观察准确的函数波形，建议使用示波器带宽应高于该仪器上限频率的两倍。

（6）如果仪器不能正常工作，重新开机检查操作步骤。

A.4　毫伏表（YB2173F）

一、技术指标

（1）测量电压范围：300μV～300V，−70～+50dB

（2）基准条件下电压范围（以 1kHz 为基准）：±1.5%±3 个字

（3）测量电压的频率范围：10Hz～2MHz

（4）基准条件下频率影响误差（以 1kHz 为基准）（见表 A.4-1）。

表 A.4-1　影响误差

50Hz～80kHz	±4%±8 个字
20～50Hz；80～500kHz	±6%±10 个字
10～20Hz；500kHz～2MHz	±15%±15 个字

（5）分辨力：10μV

（6）输入阻抗：输入电阻≥1MΩ；输入电容：≤40pF

（7）双通道隔离度：100dB

（8）最大输入电压：500V（DC+Acp-p）

（9）输出电压：1Vrms±5%

（10）噪声：输入短路≤15 个字

二、面板操作键使用说明

毫伏表面板操作键布局如图 A.4-1 所示。

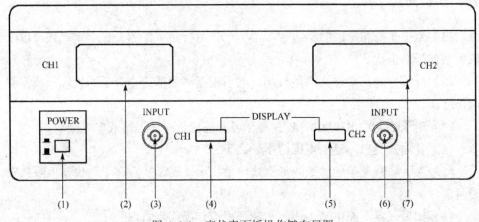

图 A.4-1　毫伏表面板操作键布局图

毫伏表面板操作键说明如下：

1. 电源开关

2. 通道 1（CH1）电压/分贝显示窗口

3. 通道 1（CH1）输入插座

4. 通道 1（CH1）V/dB 转换开关

5. 通道 2（CH2）V/dB 转换开关

6. 通道 2（CH2）输入插座

7. 通道 2（CH2）电压/分贝显示窗口

三、基本操作

（1）打开电源开关前，首先检查输入的电源电压，然后将电源线插入后面板的交流插。

（2）电源线接入后，按电源开关以接通电源，并预热 5 分钟。

（3）将输入信号由输入端口送入交流毫伏表即可。

四、使用注意事项

（1）避免过冷或过热。

不可将交流毫伏表长期暴露在阳光下，或靠近热源的地方。

（2）不可在寒冷天室外使用，仪器工作温度为 0～40℃。

（3）避免寒冷环境与炎热环境交替。

不可将交流毫伏表从炎热的环境中突然转到寒冷的环境或相反进行，这将导致仪器内部形成凝结。

（4）避免湿度，水分和灰尘。

如果交流毫伏表在湿度大或灰尘多的地方使用，可能导致仪器操作出现故障，最佳使用湿度范围是 35%～90%。

（5）应避免在剧烈震动的地方使用，否则会导致仪器操作出现故障。

（6）注意磁器和存在强磁场的地方。

数字交流毫伏表对电磁场较为敏感，不可在具有强烈磁场作用的地方操作毫伏表，不可将磁性物体靠近毫伏表，应避免阳光或紫外线对仪器的直接照射。

（7）不可将物体放至在交流毫伏表上，注意不要堵塞仪器通风口。

A.5　示波器（DS1052E 带 USB）

一、DS1052E 示波器简介

DS1052E 为双通道加一个外部触发输入通道的数字示波器。可以直接使用 AUTO 键，将立即获得适合的波形显示和挡位设置。此外，高达 1GSa/s 的实时采样、25GSa/s 的等效采样率及强大的触发和分析能力，可更快、更细致地观察、捕获和分析波形。

主要特点：

（1）提供双模拟通道输入，最大 1GSa/s 实时采样率，25GSa/s 等效采样率，每通道带宽为 50MHz。

（2）16 个数字通道，可独立接通或关闭。

（3）5.6 英寸 64k 色 TFT LCD。

（4）触发功能：边沿、脉宽、视频、斜率、交替、码型。

（5）自动测量 22 种波形参数，具有自动光标跟踪测量功能。

（6）独特的波形录制和回放功能。

（7）精细的延迟扫描功能。

（8）内嵌 FFT 功能。

（9）拥有 4 种实用的数字滤波器：LPF，HPF，BPF，BRF。

（10）Pass/Fail 检测功能，可通过光电隔离的 Pass/Fail 端口输出检测结果。

（11）多重波形数学运算功能。

（12）提供功能强大的上位机应用软件 UltraScope。

（13）标准配置接口：USB Device，USB Host，RS232，支持 U 盘存储和 PictBridge 打印锁键盘功能。

（14）支持远程命令控制。

（15）嵌入式帮助菜单，支持中英文输入。

（16）支持 U 盘及本地存储器的文件存储。

（17）模拟通道波形亮度可调。

（18）波形显示可以自动设置（AUTO）。

（19）弹出式菜单显示。

DS1052E 示波器操作面板如图 A.5-1 所示。

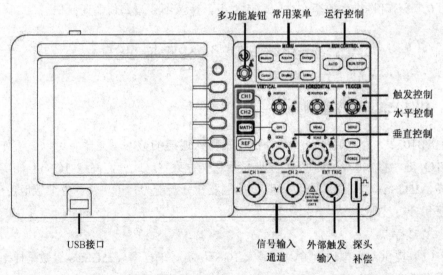

图 A.5-1　DS1052E 示波器操作面板

二、基本操作

1. 波形自动显示设置

（1）将被测信号连接到信号输入通道。

（2）按下 AUTO 按键。

根据输入的信号，可自动调整电压倍率、时基以及触发方式，使波形显示达到最佳状态。应用自动设置要求被测信号的频率大于或等于 50Hz，占空比大于 1%。

2．垂直系统（VERTICAL）（见图 A.5-2）

（1）使用垂直 POSATION 旋钮控制信号的垂直显示位置。

当转动垂直 POSATION 旋钮，指示通道地（GROUND）的标识跟随波形而上下移动。可以通过按下该旋钮作为设置通道垂直显示位置恢复到零点的快捷键。

（2）改变垂直设置，并观察因此导致的状态信息变化。

可以通过波形窗口下方的状态栏显示的信息，确定任何垂直挡位的变化。

转动垂直 SCALE 旋钮改变"Volt/div（伏/格）"垂直挡位，可以发现状态栏对应通道的挡位显示发生了相应的变化，可通过按下垂直 SCALE 旋钮作为设置输入通道的粗调/微调状态的快捷键。

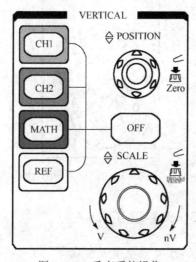

图 A.5-2　垂直系统操作

3．水平系统（HORIZONTAL）（见图 A.5-3）

（1）使用水平 SCALE 旋钮改变水平挡位设置，并观察因此导致的状态信息变化。

转动水平 SCALE 旋钮改变"s/div（秒/格）"水平挡位，可以发现状态栏对应通道的挡位显示发生了相应的变化。水平扫描速度从 2ns* 至 50s，以 1－2－5 的形式步进。

按下此按钮切换到延迟扫描状态。

（2）使用水平 <u>POSATION</u> 旋钮调整信号在波形窗口的水平位置。

当转动水平 <u>POSATION</u> 旋钮调节触发位移时，可以观察到波形随旋钮而水平移动。

可以按下该键使触发位移（或延迟扫描位移）恢复到水平零点处。

（3）按 MENU 按键，显示 TIME 菜单。

在此菜单下，可以开启/关闭延迟扫描或切换 Y－T、X－Y 和 ROLL 模式，还可以将水平触发位移复位。

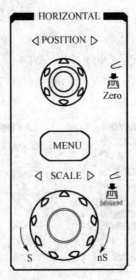

图 A.5-3　水平系统操作

4. 触发系统（TRIGGER）（见图 A.5-4）

（1）使用 <u>LEVEL</u> 旋钮改变触发电平设置。

转动 <u>LEVEL</u> 旋钮，可以发现屏幕上出现一条橘红色的触发线以及触发标志，随旋钮转动而上下移动。停止转动旋钮，此触发线和触发标志会在约 5 秒后消失。在移动触发线的同时，可以观察到在屏幕上触发电平的数值发生了变化。

按下该旋钮作为设置触发电平恢复到零点的快捷键。

（2）使用 MENU 调出触发操作菜单，改变触发的设置，观察由此造成的状态变化。

（3）按 50%按键，设定触发电平在触发信号幅值的垂直中点。

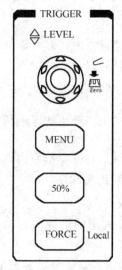

图 A.5-4 触发系统操作

三、操作实例

例一：测量简单信号

观测电路中的一个未知信号，迅速显示和测量信号的频率和峰峰值。

（1）欲迅速显示该信号，请按如下步骤操作：

① 将探头菜单衰减系数设定为 10X，并将探头上的开关设定为 10X。

② 将通道 1 的探头连接到电路被测点。

③ 按下 AUTO（自动设置）按键。

示波器将自动设置使波形显示达到最佳状态。在此基础上，您可以进一步调节垂直、水平挡位，直至波形的显示符合要求。

（2）进行自动测量

示波器可对大多数显示信号进行自动测量。欲测量信号频率和峰峰值，请按如下步骤操作：

① 测量峰峰值

按下 Measure 按键以显示自动测量菜单。

按下 1 号菜单操作键以选择信源 CH1。

按下 2 号菜单操作键选择测量类型：电压测量。

在电压测量弹出菜单中选择测量参数：峰峰值。

此时，可以在屏幕左下角发现峰峰值的显示。

② 测量频率

按下 3 号菜单操作键选择测量类型：时间测量。

在时间测量弹出菜单中选择测量参数：频率。

此时，可以在屏幕下方发现频率的显示。

例二：观察正弦波信号通过电路产生的延迟和畸变

设置探头和示波器通道的探头衰减系数为 10X。将示波器 CH1 通道与电路信号输入端相接，CH2 通道则与输出端相接。

操作步骤如下：

（1）显示 CH1 通道和 CH2 通道的信号

① 按下 AUTO（自动设置）按键。

② 继续调整水平、垂直挡位直至波形显示满足您的测试要求。

③ 按 CH1 按键选择通道 1，旋转垂直（VERTICAL）区域的垂直旋钮调整通道 1 波形的垂直位置。

④ 按 CH2 按键选择通道 2，如前操作，调整通道 2 波形的垂直位置。使通道 1、2 的波形既不重叠在一起，又利于观察比较。

（2）测量正弦信号通过电路后产生的延时，并观察波形的变化

① 按下 Measure 按钮以显示自动测量菜单。

② 按下 1 号菜单操作键以选择信源 CH1。

③ 按下 3 号菜单操作键选择时间测量。

④ 在时间测量选择测量类型：延迟 1 和 2。

例三：捕捉单次信号

方便地捕捉脉冲、毛刺等非周期性的信号是数字示波器的优势和特点。若捕捉一个单次信号，首先需要对此信号有一定的了解，才能设置触发电平和触发沿。例如，若脉冲是一个 TTL 电平的逻辑信号，触发电平应该设置为 2 伏，触发沿设置为上升沿触发。如果对于信号的情况不确定，可以通过自动或普通的触发方式先行观察，以确定触发电平和触发沿。

操作步骤如下：

（1）如前例设置探头和 CH1 通道的衰减系数。

（2）进行触发设定。

① 按下触发（TRIGGER）控制区域 MENU 按钮，显示触发设置菜单。

②　在此菜单下分别应用 1～5 号菜单操作键设置触发类型为边沿触发、边沿类型为上升沿、信源选择为 CH1、触发方式单次、触发设置耦合为直流。

③　调整水平时基和垂直挡位至适合的范围。

④　旋转触发（TRIGGER）控制区域旋钮，调整适合的触发电平。

⑤　按 RUN/STOP 执行按钮，等待符合触发条件的信号出现。如果有某一信号达到设定的触发电平，即采样一次，显示在屏幕上。

例四：减少信号上的随机噪声

如果被测试的信号上叠加了随机噪声，您可以通过调整示波器的设置，滤除或减小噪声，避免其在测量中对本体信号的干扰。

操作步骤如下：

（1）如前例设置探头和 CH1 通道的衰减系数。

（2）连接信号使波形在示波器上稳定地显示。

（3）通过设置触发耦合改善触发。

①　按下触发（TRIGGER）控制区域 MENU 按键，显示触发设置菜单。

②　触发设置，耦合选择低频抑制或高频抑制。

低频抑制是设定一个高通滤波器，可滤除 8kHz 以下的低频信号分量，允许高频信号分量通过。

高频抑制是设定一个低通滤波器，可滤除 150kHz 以上的高频信号分量（如 FM 广播信号），允许低频信号分量通过。通过设置低频抑制或高频抑制可以分别抑制低频或高频噪声，以得到稳定的触发。

（4）通过设置采样方式和调整波形亮度减少显示噪声。

①　如果被测信号上叠加了随机噪声，导致波形过粗，可以应用平均采样方式，去除随机噪声的显示，使波形变细，便于观察和测量。取平均值后随机噪声被减小而信号的细节更易观察。

具体的操作是：按面板 MENU 区域的 Acquire 按钮，显示采样设置菜单。按 1 号菜单操作键设置获取方式为平均状态，然后按 2 号菜单操作键调整平均次数，依次由 2 至 256 以 2 倍数步进，直至波形的显示满足观察和测试要求。

②　减少显示噪声也可以通过降低波形亮度来实现。

例五：应用光标测量

使用光标可迅速地对波形进行时间和电压测量。

测量 Sinc 第一个波峰的频率。

欲测量信号上升沿处的 Sinc 频率，请按如下步骤操作：

（1）按下 Cursor 按钮以显示光标测量菜单。

（2）按下 1 号菜单操作键设置光标模式为手动。

（3）按下 2 号菜单操作键设置光标类型为 X。

（4）旋动多功能旋钮将光标 1 置于 Sinc 的第一个峰值处。

（5）旋动多功能旋钮将光标 2 置于 Sinc 的第二个峰值处。

测量 Sinc 第一个波峰的幅值。

欲测量 Sinc 幅值，请按如下步骤操作：

（1）按下 Cursor 按钮以显示光标测量菜单。

（2）按下 1 号菜单操作键设置光标模式为手动。

（3）按下 2 号菜单操作键设置光标类型为 Y。

（4）旋动多功能旋钮将光标 1 置于 Sinc 的第一个峰值处。

（5）旋动多功能旋钮将光标 2 置于 Sinc 的第二个峰值处。

光标菜单中将显示下列测量值：

（1）增量电压（Sinc 的峰—峰电压）。

（2）光标 1 处的电压。

（3）光标 2 处的电压。

A.6 示波器（DS5102CA）

一、DS5102CA 示波器简介

DS5102CA 为双通道加一个外部触发输入通道的数字示波器。可以直接使用 AUTO 键，将立即获得适合的波形显示和挡位设置。此外，高达 1GSa/s 的实时采样、50GSa/s 的等效采样率及强大的触发和分析能力，可更快、更细致地观察、捕获和分析波形。

主要特点：

（1）提供双模拟通道输入，最大 1GSa/s 实时采样率，50GSa/s 等效采样率，每通道带宽 100MHz

（2）320×240 分辨率

（3）自动波形，状态设置（AUTO）

（4）触发功能：边沿、脉宽、视频、斜率、交替、码型

（5）自动测量 20 种波形参数，具有自动光标跟踪测量功能

（6）精细的延迟扫描功能

（7）内嵌 FFT 功能

（8）拥有 4 种实用的数字滤波器：LPF，HPF，BPF，BRF

（9）50Ω/1MΩ 输入阻抗选择

（10）Pass/Fail 检测功能

（11）多重波形数学运算功能

DS5102CA 示波器操作面板如图 A.6-1 所示。

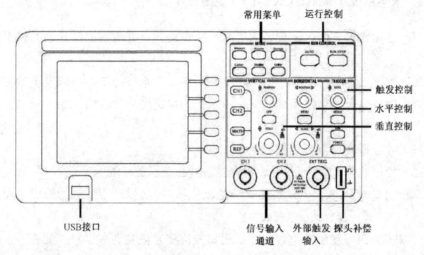

图 A.6-1　DS5102CA 示波器操作面板

二、基本操作

1. 波形自动显示设置

（1）将被测信号连接到信号输入通道；

（2）按下 AUTO 按键。

根据输入的信号，可自动调整电压倍率、时基以及触发方式，使波形显示达到最佳状态。应用自动设置要求被测信号的频率大于或等于 50Hz，占空比大于 1%。

2. 垂直系统（VERTICAL）

（1）使用垂直 POSATION 旋钮控制信号的垂直显示位置。

当转动垂直 POSATION 旋钮，指示通道地（GROUND）的标识跟随波形而上下移动。

可以通过按下该旋钮作为设置通道垂直显示位置恢复到零点的快捷键。

（2）改变垂直设置，并观察因此导致的状态信息变化。

可以通过波形窗口下方的状态栏显示的信息，确定任何垂直挡位的变化。

转动垂直 <u>SCALE</u> 旋钮改变"Volt/div（伏/格）"垂直挡位，可以发现状态栏对应通道的挡位显示发生了相应的变化。

可通过按下垂直 <u>SCALE</u> 旋钮作为设置输入通道的粗调/微调状态的快捷键。

3. 水平系统（HORIZONTAL）（见图 A.6-2）

（1）使用水平 <u>SCALE</u> 旋钮改变水平挡位设置，并观察因此导致的状态信息变化。

转动水平 <u>SCALE</u> 旋钮改变"s/div（秒/格）"水平挡位，可以发现状态栏对应通道的挡位显示发生了相应的变化。水平扫描速度从 2ns*至 50s，以 1－2－5 的形式步进。

按下此按钮切换到延迟扫描状态。

（2）使用水平 <u>POSATION</u> 旋钮调整信号在波形窗口的水平位置。

当转动水平 <u>POSATION</u> 旋钮调节触发位移时，可以观察到波形随旋钮而水平移动。

可以按下该键使触发位移（或延迟扫描位移）恢复到水平零点处。

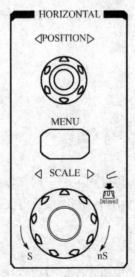

图 A.6-2　水平系统操作

（3）按 MENU 按键，显示 TIME 菜单。

在此菜单下，可以开启/关闭延迟扫描或切换 Y—T、X—Y 和 ROLL 模式，还可以将水平触发位移复位。

4. 触发系统（TRIGGER）（见图 A.6-3）

（1）使用 <u>LEVEL</u> 旋钮改变触发电平设置。

转动 <u>LEVEL</u> 旋钮，可以发现屏幕上出现一条橘红色的触发线以及触发标志，随旋钮转动而上下移动。停止转动旋钮，此触发线和触发标志会在约 5 秒后消失。在移动触发线的同时，可以观察到在屏幕上触发电平的数值发生了变化。

按下该旋钮作为设置触发电平恢复到零点的快捷键。

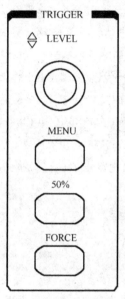

图 A.6-3 触发系统操作

（2）使用 MENU 调出触发操作菜单，改变触发的设置，观察由此造成的状态变化。

（3）按 50%按键，设定触发电平在触发信号幅值的垂直中点。

参 考 文 献

[1] 吕伟峰, 董晓聪主编. 电路分析实验. 科学出版社, 2010.

[2] 王英主编. 电路分析实验教程. 西南交大出版社, 2008.

[3] 王连英主编. 基于 Multisim10 的电子仿真实验与设计. 北京邮电大学出版社, 2009.

[4] 杨炎、张琦等编著. 电路分析实验教程. 人民邮电出版社, 2012.

[5] 金波主编. 电路分析实验教程. 西安电子科技大学出版社, 2010.

[6] 任姝婕、赵红等编著. 电路分析实验-仿真与实训. 机械工业出版社, 2011.

[7] 卢艳红主编. 基于 Multisim10 的电子电路设计、仿真与应用. 人民邮电出版社, 2009.

[8] 赵秋娣主编. 电工电子技术实验教程. 兵器工业出版社, 2011.

[9] 李瀚荪主编. 电路分析基础. 高等教育出版社, 2006.

[10] 国家级实验教学示范中心联席会电子学科组编. 电工电子创新实验. 高等教育出版社, 2010.

[11] 胡翔骏. 电路分析（第 2 版）. 高等教育出版社, 2007.

[12] 清华大学科教仪器厂. TPE-DG 电路分析实验箱实验指导书. 2001.